家装水暖电设计与施工

从入门到精通

理想·宅　编

化学工业出版社
·北京·

内容简介

本书针对水路系统、电路系统和暖通系统三大隐蔽工程的设计和施工进行详尽的讲解。全书共分为五章，对基础理论、设计要点以及施工全流程都进行了翔实的介绍，系统化的讲解让读者告别碎片化的知识，由浅入深地学习专业知识和技能。为让读者更好地理解三大工程线路以及设备的设计和布置，本书采用模型图将隐蔽的线路可视化，同时标注出开关、插座等设备的详细尺寸和位置，帮助读者更加轻松地厘清线路的走向，让设备的位置更符合大部分人的使用习惯。同时书中还配有现场施工图、分步操作图、设备安装图等多种图片，搭配施工视频，让读者轻松掌握家装水、电、暖的关键知识点和技能。

本书可供室内设计师、从事室内装修的施工人员以及水电相关设计人员使用和参考，也可作为室内装饰装修专业培训教材。

图书在版编目（CIP）数据

家装水暖电设计与施工从入门到精通 / 理想·宅编 .
—北京：化学工业出版社，2024.2
ISBN 978-7-122-44556-8

Ⅰ.①家… Ⅱ.①理… Ⅲ.①住宅-室内装修-水暖工②住宅-室内装修-电工 Ⅳ.①TU82②TU85

中国国家版本馆CIP数据核字(2023)第233415号

责任编辑：彭明兰	文字编辑：邹　宁
责任校对：宋　玮	装帧设计：韩　飞

出版发行：化学工业出版社
　　　　　（北京市东城区青年湖南街13号　邮政编码100011）
印　　装：中煤（北京）印务有限公司
710mm×1000mm　1/16　印张16　字数310千字
2024年3月北京第1版第1次印刷

购书咨询：010-64518888　　　售后服务：010-64518899
网　　址：http://www.cip.com.cn

前言 Preface

　　随着经济的发展，人们对居住舒适度的要求也越来越高了，家装工程也就越发往全屋智能化的方向发展。与此同时，人们对家装工程的要求也越加趋向标准化和规范化。说起家装工程，就不得不提起水、电、暖这三大隐蔽工程。它们虽然隐藏在或简单或繁复的装饰表层里面，却影响着整个家装的方方面面。

　　水、电、暖这三大隐蔽工程需要保证个人和居住环境的安全，对整个室内装修也有着重要的影响。比如，家里想要增设智能家居设备，那就必须要考虑电线、网线的连接，甚至还要考虑水管的连接，像洗碗机、扫地机器人等设备都需要安设出水口和进水口，而这些都需要有针对性的设计。合理的水路、电路和暖通设计能让家居空间更加舒适，同时这些设计也需要规范的施工。规范的施工可以让设计更准确地实现，还能够切实地保证居住者的用电安全、电网安全等，给居住者营造更好的生活环境。因此，水、电、暖三大隐蔽工程的设计与施工是设计师、装修工人必懂的知识。

　　本书将水、电、暖的工程分成水路系统、电路系统和暖通系统三大单元，先讲基础知识，再深入讲解三类系统的具体设计与施工的方式，由浅入深地进行设计与施工的解析，帮助读者逐步学习和吸收难懂的专业知识和技能。本书共分为五章，第一章对三路系统中常见的术语等基本知识进行图文讲解；第二章则对三路系统涉及的不同施工图纸进行分析，解析多种不同图例代表的含义，最后进行实例解读，帮助读者更好地识读或绘制施工图纸；而第三章、第四章和第五章则分别从常用工具和材料、线路设计、现场施工和设备安装四个方面进行详细的讲解，采用图片与文字结合的形式，力求让读者更为直观地了解家装水电暖知识。本书共采用了600多张图片，包括模型图、施工图、分步现场操作图、设备安装图等，其中模型图更是将隐藏在顶面、墙体和地面内部的线路可视化，透彻解析线路设计，模拟现实应用场景，帮助读者更好地理解不同线路的规划方法和各种设备的安装位置。

　　在本书的编写过程中，查阅了大量的资料并咨询了有行业经验的水电暖施工人员，但由于编者的水平有限，书中难免有疏漏之处，敬请广大读者批评指正。

1 水电暖基本知识

2 施工图识读

3 水路系统

🔌 4 电路系统

⚙ 5 暖通系统

1/

水电暖
基本知识

　　水、电、暖是家装工程中不可或缺的重要组成部分，也是居住者提高生活品质的关键。水路系统解决了日常生活中最为常见的用水问题，最需要关注的是水压和水质，由此也产生了很多新的名词，比如全屋净水系统等。电路系统解决的是用电问题，主要包括了强电和弱电两部分，在电器种类繁多的现代，用电规划极为重要。暖通系统可以控制室内空气的温度、湿度和新鲜程度。三者都很重要，缺一不可。

1.1 水路基本知识

1.1.1 水路常见术语

开线（管）槽

开线（管）槽也叫打暗槽，是用切割机或是其他工具在墙面上打出一定深度的槽，将线管埋设在槽内，如此在墙面外就看不到线管了。墙面能够更加美观。

暗管

暗管指埋设在管槽里的管，包括了很多种类，如 PP-R 管、镀锌管等。

水质

水质指的是水的硬度和纯净度。衡量水质的好坏，看的是 TDS 指标，测量单位为毫克/升（mg/L 或 ppm），它代表的是 1 升水中溶解的固体总量有多少毫克。TDS 数值越小的水就越接近纯水，杂质越少。通常华北地区的自来水 TDS ≈ 300mg/L，纯水机制出的水（直接可以喝），通常 TDS 在 0~30mg/L。

> 💡 **小贴士**
>
> **TDS 指标**
>
> TDS 指标指的是溶解性固体的总量，常见水的 TDS 见右图。其中矿泉水的 TDS 可能会超过 100mg/L，这只是因为矿泉水里矿物质多，和自来水的硬度高并不一样。
>
>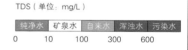
>
> TDS（单位：mg/L）
> 纯净水　矿泉水　自来水　浑浊水　污染水
> 0　　10　　100　　300　　600

1.1.2 全屋净水系统

（1）什么是全屋净水系统

在家庭空间中水质是十分重要的，优质水让人在洗脸洗澡时皮肤更滑嫩，做的米饭也更加美味，电热水器里不会结垢，也不必勤换镁棒。若是所处地区自来水水质不好，那就需要对家里的自来水进行水质处理。

改善水质的方法一般就是在进水管处加装水质处理器，市面上最常见的水质处理器有：前置过滤器、软水机和末端净水机。需要注意的是，几乎所有净水设备都需要插座和排水口（地漏），要在装修时进行预埋。

水质处理器	简介	过滤物	原理	价格	后续维护
前置过滤器	前置过滤器是放在家庭水路最前端的第一道过滤器，负责进行粗过滤，除去水中较大的颗粒物，主要是为延长后续用水设备的使用寿命而安装的。前置过滤器价格便宜、体积小，无须更换滤芯，性价比非常高	泥沙、铁锈等大颗粒杂质	用极细(0.04mm)的不锈钢滤网进行物理过滤	200~3000 元	有反冲洗功能，无后续维护费用
软水机	软水机较大，可以让水的硬度变小，减少水垢，可以让洗澡、洗衣更加健康。软水机体积越大，能处理的水流量就越大（通常 ≥ 1m³/h）。厨房的地柜往往放不下软水机，因此一般会考虑安装在高柜、设备间或卫生间地面上	钙、镁离子，它们是导致水垢的主要原因	用盐（钠离子）置换水中的钙、镁离子，进行化学过滤	5000~20000 元	每月需加盐十几千克，每年几百元的维护费用
净水机	净水机也叫纯水机，它可以直接制出纯净水，出水能够直接饮用。一般都会将净水机安装在厨房水槽下的柜子内，不需要前置过滤器和软水机，也能独立使用	0.1nm 过滤精度，甚至可除掉细菌和气味	通常内部含四道滤芯：PP棉 – 活性炭 –RO反渗透 – 活性炭	1000~10000 元	视进水水质而定，约每年换一次滤芯，需 500 元左右的维护费用

这三种是最简单的水质处理器，若是采用全屋净水系统，则需要更多的处理器，如中央净水机、中央软水机、厨房净水机、客厅直饮机以及水龙头净水机一起搭配，保证全屋每个出水位置的水都经过水质处理，如此就是全屋净水系统了。

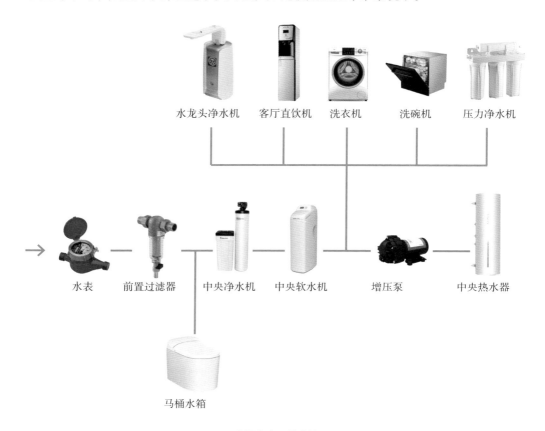

全屋净水系统连接图

（2）全屋净水系统的优缺点

优点

相对于桶装水和普通的末端净水机，全屋净水系统能够分质供水来满足人们饮、食、洗、浴全方位的需求，像饮用水、食用水就需要净水机和软水机来供水，而洗、浴用水则可以直接用软水机处理后的水，分机更能提高生活质量，有利于人们的生活健康。

缺点

①安装麻烦，对水路需要进行较大程度的改造。

②价格较高，一般家庭都难以承担。

③并不适用于所有家庭。在水质比较好的地区，或用水量不大的家庭中，全屋净水系统的作用并不大。

1.2 电路基本知识

1.2.1 电路

电路是指将某些电器设备或元件用一定的组合方式组合起来的电流通路，通常由电源、负载、控制装置以及连接导线四部分组成。

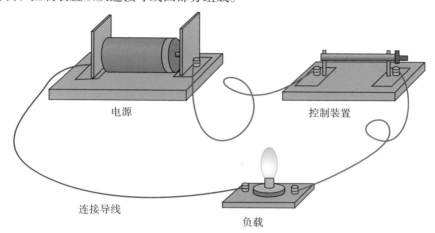

最简单的电路连接方式

家居空间中的电由发电站输送到小区电箱，再从小区电箱送到楼道的电表箱内，再送到强电箱，最后输送到电器上。家居空间的强电箱通过电线与用电设备连接，形成了一个电路。其中电箱和插座在明处，电线则会隐藏在墙体等内部。

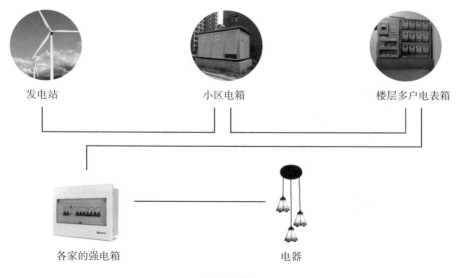

电路输送图

1.2.2 配电系统

发电厂发出电能，经过升压变压器升压后，传输到区域变电站的降压变压器，再由降压变压器降压后，传输给配电变压器，最后由配电变压器将一般为 10kV 的电压变为 380V/220V 供给用户使用，这个过程就是输配电过程。家装设计师所接触到的一般都是低压电（380V/220V），对整个配电过程和其中的电压变化有所了解即可。

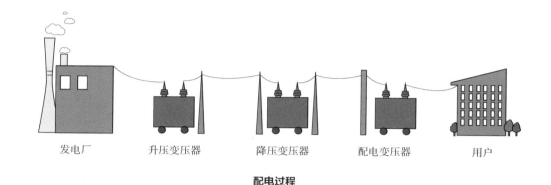

发电厂　　　　升压变压器　　　　降压变压器　　　　配电变压器　　　　用户

配电过程

1.2.3 强弱电

220V 的强电是我们生活中绝大多数电器包括照明电器的动力源，最常见的有开关、插座、照明灯、配电房等。在一百多年以前曾有过一场著名的电流大战，对阵双方分别是以爱迪生为代表的直流电和以特斯拉为代表的交流电。这场战争最终以主推交流电的特斯拉的胜利而告终。现在，220V 的交流电已成为中国家庭主要的电力能量来源。

19 世纪末

爱迪生（直流电 DC）　　　　　　　特斯拉（交流电 AC）

现在，直流电因其安全性和稳定性被保留，多用来传输信号，也就变成了现在人们所说的弱电。弱电指的是电压数较小（36V 安全电压以下）的直流电路。在信息爆炸的时代环境下，与弱电相关的材料也非常繁多且精密，光是线材就有电视信号线、网络信号线、连接电视的 HDMI 线、USB 线以及光纤线等。

1.2.4 电压、电流与功率

电压是衡量单位电荷在静电场或电路中由于电势不同所产生的能量差的物理量。若是用河流来做比喻，当河流两个位置产生高低差后，水才能自然地从高位流动到低位，从而形成水流，而电压就可以看作是电路中电势的高低差，只有两点之间有电势差才能产生电压，电子才会在电线中流动，从而形成电流。

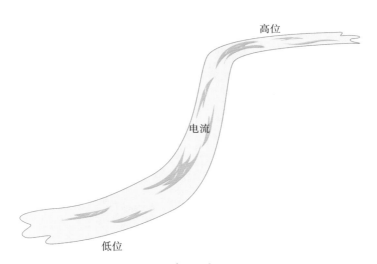

电压示意图

就像水在流动中会做功一样，电在流动的过程中也会做功。而功率就是指单位时间内电在流动过程中所做的功。做功的数量一定时，时间越短，其功率值就越大。计算功率的公式应采用：$P=UI$（P 为功率、U 为电压、I 为电流）。电流在通过线径细、电阻大的导线时，会发生类似于"堵车"的现象，导致发热。电灯就是这个原理，钨丝能承受高温，在高热的状态下发光。同理，家用的电线横截面越大，能承载用电设备的功率也就越大。

1.2.5 零线、火线与地线

家装中的电源线分为零线和火线。火线的对地电压为220V，而零线总是与大地的电位相等。由于人在自然状态下与大地是零电位差的，所以一般情况下，人接触零线是不会遭受电击的。

火线与零线共同组成供电回路，互相保持着正弦振荡式的压差。

地线是把设备或电器的外壳靠导体连接大地的线路。也就是说，地线的一端在用户区附近用金属导体深埋于地下，另一端与各用户的地线接点相连，起到接地保护、防止触电的作用。为了便于管理、使用、维护，火线、零线、地线的颜色也是有相关规定的。一般情况下，红色的是火线，蓝色的是零线，黄绿色的则为地线。

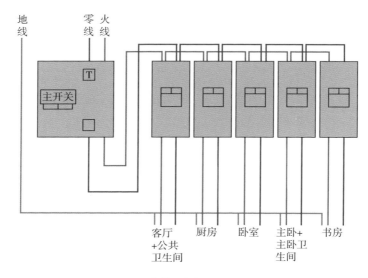

家装强电布线

1.2.6 插座回路和照明回路

整个家装中的线路可分为插座回路和照明回路两种。插座回路由电箱、空气开关（带漏电保护器）、电线、线管和插座组成。而照明回路则由电箱、空气开关、电线、线管、灯和开关组成。普通的家用电路通常会铺设十个左右的回路。

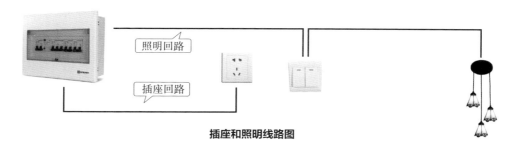

插座和照明线路图

1.3 暖通基本知识

1.3.1 暖通常见术语

暖通

暖通是建筑专业的一个分支，英文是 HVAC：H 是 heating，是采暖的意思；V 是 ventilation，是通风的意思；而 AC 就是 air condition，也就是空调的意思。可以简单理解为，暖通就是处理家中空气的系统。室内空气的温度、湿度、新鲜程度全靠暖通设备来控制和调节。居住环境空气的舒适度和暖通系统息息相关。

制冷量

制冷量是指空调在进行制冷时，在单位时间内，从房间或区域内去除的热量总和。可以简单理解为，制冷量是空调设备制冷的能力。能力越强，制冷越快，效果越好，成本也越高。常用单位为瓦特（W）、千瓦（kW）。

冷热负荷

为保持建筑物的湿度环境和所要求的室内温度，必须由空调系统从房间带走的热量叫空调房间的冷负荷。或者说在某一时刻需要向房间供应的冷量称为冷负荷。可以简单理解为，让房间降温产生的负荷叫冷负荷。反之，如果空调系统需要向室内供热，以补偿房间损失的热量，向房间供应的热量称为热负荷。

换热

换热是指冷热两种流体间进行的热量传递，是一种属于传热过程的单元操作。简单来说，就是水和空气、空气和空气、冷媒和空气等相互交换热量的过程。比如，热水和冷空气在空调设备内换热，产生了冷水和热空气，然后空调设备把热空气输送到空间，起到供暖的作用。

冷凝水

冷凝是指高温气体物质由于温度降低而凝结成非气体状态（通常是液体）的过程。水蒸气经过此过程形成的液态水就是冷凝水。简单来说，冷凝水就是空气中的水蒸气遇冷凝结成的水。在空调机组内，冷热介质换热时会产生冷凝水，所以才会有冷凝水盘和冷凝水管，它们的作用就是排出冷凝水。

制冷剂

制冷剂又叫冷媒，是空调系统中用来完成能量转化的媒介物质，即把热空气变为冷空气、把冷空气变为热空气的一种介质，如氟利昂。

1.3.2 多种暖通方式的选择

在家装中，暖和通分别代表了空气温度和质量的调节功能。空气温度就是气温，是家居空间的空气最重要的属性，最舒适的室内温度为 20~28℃。无论室外天气如何，室温都应维持在这个温度区间内。为了调节温度，可以将气温调节方案简单分为制冷方案和采暖方案。调节空气质量则一般都是用空气净化器或者新风系统。

（1）制冷方案

空调是一种能够降低室温的设备，在家装暖通工程中也是花销较大的一项。常见的制冷设备有三种：分体式空调、一体式空调以及中央空调，可根据空间的实际情况进行选择。

常见设备	特征	优点	缺点	价格	适用
分体式空调	分体式空调是空调的一种，通常由室内机和室外机组成，分别安装在室内和室外，中间通过管路和电线进行连接。常见的分体式空调有壁挂式、柜式、嵌入式、落地式等。家装中更多的是壁挂的形式，但会外露着一根电源线和冷媒管，会影响空间的美观性。而立式空调则需要占更大的空间	简便实用，维修方便，无须吊顶	不美观，不是所有房间都能安装	每台在2000~10000元不等	适用于经济型装修或小户型家庭
中央空调	中央空调由一个或多个冷热源系统和多个空气调节系统组成。该系统不同于传统冷剂式空调（如单体机、变频多联机），集中处理空气以达到舒适要求。中央空调隐藏在吊顶之中，美观简约，还可以在任意房间内布置室内机，可以更好地提升生活品质和装修档次。中央空调之前多用于公装空间当中，但目前也渐渐使用在居住空间中	美观，室内机种类多，室内内机安装位置选择余地大	价格较高，需要吊顶（至少是房间局部需吊顶）	知名品牌一拖四全套包含安装费在3.5万元左右	适合装修预算高，对美观程度要求高，且需要空调的房间较多的家庭

（2）采暖方案

采暖是暖通设计中十分重要的功能，也是装修时支出较大的项目之一。采暖方案可分为地暖、散热片采暖和空调采暖三种，可根据空间和居住者的需求选择合适的采暖方式。

常见设备	特征	优点	缺点	价格	适用
地暖	地暖是散热装置在地面装饰层下方的采暖方式。将热源设置于脚下十分舒适，也不需要裸露散热器，所以非常美观简约。地暖按照热媒介质的不同分为水地暖和电地暖。电地暖耗电量较大，只能在小户型中使用，而水地暖则更适合装在大户型当中	美观、隐蔽、舒适，而且自采暖可调节温度	降低房屋净高	全套造价每平方米150~350元	60平方米户型以下适合电地暖，80平方米以上适合水地暖
散热片	散热片也叫暖气片，最常见于北方集中供暖的住房，也是采暖方案中形态最为简单的一种。散热片很占空间，若是裸露出来也不太美观，因此有时会在其外面做格栅遮挡住，也有的设计成卡座等的外形，以增加空间的利用率	大多数都比较便宜，只有很少是价格高的散热片	美观性较差，占空间	散热片每平方米造价50~150元	经济型或有暖气立管的老房子
空调	现在不论分体式空调还是中央空调，大多都有制冷和制热两种模式，但是由于空调有风且有声音，因此并不是采暖的最优选项	节省了购置其他采暖设备的成本	有噪声、有风	跟制冷方案里的空调相同	非北方或者极寒地区都可使用

（3）通风设备

通风设备在家居空间中一般分为空气净化器和新风机。其中新风机又分为壁挂式新风机和吊顶式新风系统。

常见设备	特征	优点	缺点	价格	适用
空气净化器	空气净化器所负责的，是循环一个封闭空间的室内空气并净化。空气净化器能够吸附、分解或转化各种空气污染物，去除室内超标的 $PM_{2.5}$、PM_{10}、TVOC①，有效提高空气清洁度。空气净化器的净化能力以净化效能评价。净化效能即每一小时内每瓦特实测功率能净化的空气量（m^3）	移动方便，也容易替换滤芯	空气净化器一般在封闭的室内使用，空气流通少，而且放置在外面，较占空间	每台大概在 2000~5000 元	任何空间中都适用
壁挂式新风机	新风机除了负责向屋内送新风，还会往屋外排浊风，同时还有空气过滤和热交换的功能，能过滤空气中的杂质，加热室外的冷风，起到维持室温的作用。壁挂式新风机安装在墙上，安装方便，装修时若忘记考虑新风机了，入住后可以用壁挂式新风机进行补救	换芯方便，无须吊顶，价格低廉	裸露在外，不美观，还占空间，每个房间都要装	每台在 1000~6000 元	若房间少或不在意外观，可以考虑壁挂式新风机
吊顶式新风系统	安装在吊顶内部，不破坏室内装饰的整体性和美观性，功能完备，需要风管、风口等附件一起构成整个系统	全屋送新风，隐藏在吊顶内，较为美观	需要吊顶，换滤芯麻烦，价格昂贵	整套价格在 10000~30000 元	全屋吊顶或者喜欢简约风格的居住者皆适用

① $PM_{2.5}$、PM_{10} 分别为细颗粒物和可吸入颗粒物；TVOC 为总挥发性有机化合物。

2

施工图
识读

水路、电路以及暖通工程都属于隐蔽工程，需要在墙面、地面开槽埋管。走管的路径不仅会影响使用材料的数量、安全性，还会影响使用体验，因此不能盲目开工，而需要提前绘制施工图。要想看懂施工图则需掌握识读水、电、暖图纸的相关知识。

2.1 水路布置图识读

2.1.1 水路识读常用图例

家装给、排水施工图常用图例如下表所示。

图例	名称	图例	名称
——————	冷水管	☌	淋浴器
—— R ——	热水管		洗菜池
	坐便器	◉	地漏
	洗脸盆		烟道
	拖布池		太阳能热水器

2.1.2 给水布置图实例解读

（1）识图要点

①厨房、卫生间、阳台等用水场所的位置。

②洗脸盆（面盆）、坐便器、洗菜盆、热水器等用水设备的位置及数量。

③各管道的管径及标高。

（2）实例解读

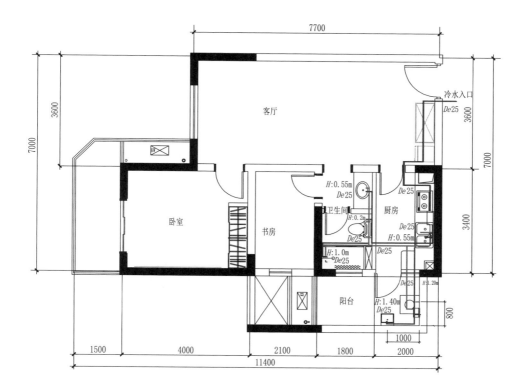

给水布置图

由上图可以读出如下内容。

①卫生间有1个洗脸盆、1个坐便器和1个淋浴头。洗脸盆处接管标高为0.55m，管径为De25；坐便器接管标高为0.20m，管径为De25；淋浴头处接管标高为1.0m，管径为De25。

②厨房有1个洗菜池和1个水表。洗菜池处接管标高为0.55m，管径为De25。

③阳台有1个太阳能热水器和1个拖布池。热水器冷水接管标高为1.20m，热水接管标高为1.40m，管径为De25。

2.1.3 排水布置图实例解读

（1）识图要点

①厨房、卫生间、阳台等需要排水的场所的位置。

②洗脸盆（面盆）、坐便器、地漏等排水设备的位置及数量。

（2）实例解读

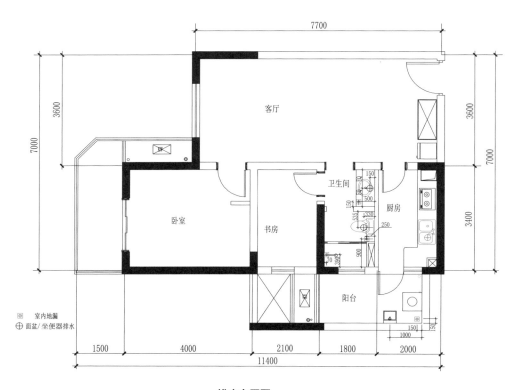

排水布置图

由上图可以读出如下内容。

①卫生间需要安装排水设备的为洗脸盆和坐便器及3个地漏，地漏分别位于淋浴区内、坐便器旁及洗脸盆旁。

②厨房需要安装排水设备的为洗菜池。

2.2 照明布置图识读

2.2.1 照明布置图常用图例

家装照明布置图常用图例如下表所示。

图例	名称	图例	名称
⊚	成品吊灯	⊕	射灯
⊕	防雾灯	▣	筒灯
▢▢	斗胆灯	⊗	花灯
◐	壁灯	●	球形灯
– – – –	灯带	▦	浴霸

2.2.2 照明布置图实例解读

（1）识图要点

①玄关、客厅、餐厅、卧室、书房、卫生间以及厨房等空间的照明安装位置。

②每个空间中灯具的类型和数量。

（2）实例解读

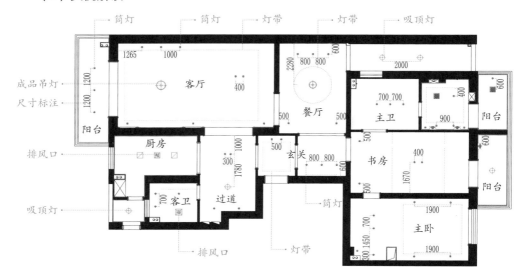

照明布置图

由上图可以读出如下内容。

①玄关、过道、客厅、餐厅、卧室、厨房、书房及阳台每一个空间中的照明灯具的安装位置。

②玄关、过道、客厅、餐厅、卧室、厨房、书房及阳台每一个空间中所使用的照明灯具的类型及数量。

2.3 开关布置图识读

2.3.1 开关布置图常用图例

家装开关布置图常用图例如下表所示。

图例	名称	位置要求
	单极单控翘板开关	暗装距地面1.3m
	双极单控翘板开关	暗装距地面1.3m
	三极单控翘板开关	暗装距地面1.3m
	四极单控翘板开关	暗装距地面1.3m
	单极双控翘板开关	暗装距地面1.3m
	双极双控翘板开关	暗装距地面1.3m
	三极双控翘板开关	暗装距地面1.3m

若空间内的开关密集且数量较多，用图例的形式会让施工人员难以看清。为避免出现失误，图纸中会使用标号的形式进行标注，在整套图纸的前面放一页专门的编号表进行对应说明。

2.3.2 开关布置图实例解读

（1）识图要点

①客厅、餐厅、卧室、书房、卫生间以及厨房等空间开关的安装位置及导线的走向。

②每个空间中所使用开关的类型及安装数量。

③每个开关控制的灯具数量。

（2）实例解读

开关布置图

由上图可以读出如下内容。

①玄关、过道、客厅、餐厅、卧室、厨房、书房及阳台每一个空间中开关的安装位置及导线的走向。

②每一个空间中开关的类型及使用数量。

③每一个空间中每一个开关所控制的灯具数量。

2.4 强电插座布置图识读

2.4.1 强电插座布置图常用图例

家装强电插座布置图常用图例如下表所示。

图例	名称	电流要求	位置要求
	壁挂空调三极插座	250V 10A/250V 16A	暗装距地面 1.8m
	二、三极安全插座	250V 10A/250V 16A	暗装距地面 0.35m
	三极防溅水插座	250V 10A/250V 16A	暗装距地面 2.0m
	三极排风、烟机插座	250V 10A/250V 16A	暗装距地面 2.0m
	三极厨房插座	250V 10A/250V 16A	暗装距地面 1.1m
	三极带开关洗衣机插座	250V 10A/250V 16A	暗装距地面 1.3m
	立式空调三极插座	250V 10A/250V 16A	暗装距地面 1.3m
	热水器三极插座	250V 10A/250V 16A	暗装距地面 1.8m
	二、三极密闭防水插座	250V 10A/250V 16A	暗装距地面 1.3m
	二、三极安全插座	—	地面插座

2.4.2 强电插座布置图实例解读

（1）识图要点

客厅、餐厅、卧室、书房、卫生间以及厨房等空间中所安装的插座类型、数量及安装高度。

（2）实例解读

强电插座布置图

由上图可以读出如下内容。

玄关、过道、客厅、餐厅、卧室、厨房、书房及阳台每一个空间中所安装的强电插座类型、数量及安装高度。

2.5 弱电插座布置图识读

2.5.1 弱电插座布置图常用图例

家装弱电插座布置图常用图例如下表所示。

图例	名称	位置要求
⊽W	电脑上网插座	暗装距地面 0.35m
⊽Y	音频插座	暗装距地面 0.35m
⋈	电视插座	暗装距地面 0.35m
⊽	电话插座	暗装距地面 0.35m
⊽W	电脑上网插座	地面插座
(H2)	双信息口电话插座	暗装距地面 0.65m
(V)	电视插座	暗装距地面 0.65m
(K1)	双信息口电脑插座	暗装距地面 0.65m

2.5.2 弱电插座布置图实例解读

（1）识图要点

双信息口电脑插座（K1）、电视插座（V）以及双信息口电话插座（H2）的安装位置及数量。

（2）实例解读

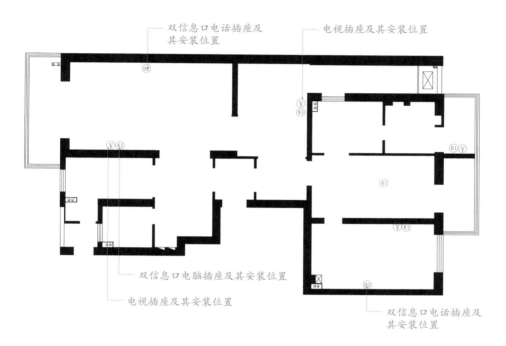

弱电插座布置图

由上图可以读出如下内容。

玄关、过道、客厅、餐厅、卧室、厨房、书房及阳台每一个空间中所安装的弱电插座类型、安装位置及数量。

2.6 配电箱系统图识读

2.6.1 配电箱系统图符号说明

家装配电箱系统图常用符号如下表所示。

符号	说明	符号	说明
BV	铜芯聚氯乙烯绝缘导线	1P	单相控制
ZB	阻燃铜芯聚氯乙烯绝缘导线	WC	墙内暗敷设
C45N	空气开关型号	20A	额定电流为 20A
2P	两相控制	30mA	漏电保护为 30mA

2.6.2 配电箱系统图实例解读

（1）识图要点

导线的型号、空气开关的型号及其使用位置。

（2）实例解读

配电箱系统图

3

水路系统

　　家装水路工程的质量与人们的健康和居家安全息息相关，而家装水路工程的质量又与工具和材料是密不可分的。因此，了解常用工具的类型、作用以及材料的类型、特点和作用，是掌控水路工程质量的前提。熟悉这些知识后，设计会更流畅。在施工方面则要以小见大，先掌握不同水管的连接工艺，再去掌握整个水路的现场施工过程，最后再安装水路相关的设备。

3.1 水路工程常用工具及材料

3.1.1 水路工程常用工具

（1）钢卷尺

钢卷尺又称盒尺，是用来测量长度的工具。钢卷尺的主要部件是一卷有一定弹性的钢带，卷于金属或塑料等材料的尺盒或框架内。目前，常见的类型有制动式卷尺、摇卷盒式卷尺和摇卷架式卷尺三种。前一种适用于短距离测量，在家装中较为常用；后两种适用于长距离测量，在家装中较少用。

首端是直角的金属钩，用金属钩勾住物体一侧，将尺拉直，即可测量距离

首端为金属拉环，将拉环拉出，零位置于物体一端，即可测量距离，摇动手柄即可将尺子收回盒内

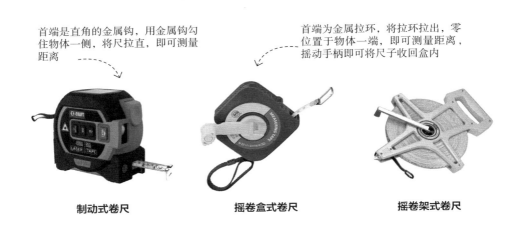

制动式卷尺　　　　　　　　摇卷盒式卷尺　　　　　　　　摇卷架式卷尺

（2）水平尺

水平尺是用来检测或测量水平度和垂直度的工具，它既能用于短距离测量，又能用于远距离测量，弥补了水平仪在狭窄地方测量难的不足，且测量精确，携带方便。水平尺可分为普通款和数显款。

将水平尺放在被测物体上，水平尺气泡偏向哪侧，则表示哪侧偏高，即需要降低该侧的高度，或调高相反侧的高度。水泡处于中心，就表示被测物体在该方向是水平的

把水平尺放好，然后选择相应的测量模式，按此键后显示屏上方立即显示所选模式的文字。旋转水平尺，就可以读出测量数值

普通款水平尺

数显款水平尺

（3）激光水平仪

激光水平仪是测量水平度和垂直度的工具，发射出来的光线有红光和绿光两种，样式有座式和挂墙式两种。除以上功能外，水平仪还可用来找平及弹线，水平仪用射出的红光进行辅助工作，它可以同时射出四条垂直线和一条水平线，利用水平仪进行弹线、画线，能够使线条更水平、操作更规范。

激光水平仪

（4）扳手

扳手是一种常用的安装与拆卸工具。它是利用杠杆原理拧转螺栓、螺钉、螺母等螺纹紧持螺栓或螺母的开口的手工工具，通常在柄部的一端或两端制有夹柄的部位施加外力，就能够拧转螺栓或螺母。使用时沿螺纹旋转方向在柄部施加外力，就能拧转目标，扳手的种类如下表所示。

图片	名称	作用
	呆扳手	一端或两端制有固定尺寸的开口，用以拧转一定尺寸的螺母或螺栓
	梅花扳手	两端有带六角孔或十二角孔的工作端，适用于工作空间狭小的场合
	两用扳手	一端与单头呆扳手相同，另一端与梅花扳手相同
	钩形扳手	又称月牙形扳手，用于拧转厚度受限制的扁螺母等

图片	名称	作用
	活扳手	开口宽度可在一定尺寸范围内进行调节，能拧转不同规格的螺栓或螺母
	套筒扳手	由多个带六角孔或十二角孔的套筒、手柄、接杆等多种部件组成
	内六角扳手	呈 L 形的六角棒状扳手，专用于拧转内六角螺钉

（5）管剪

在水路改造的过程中，需要对水管管材进行切割，切割的时候建议采用专用的管剪。用管剪断管能够让断面与管轴线垂直，无毛刺。

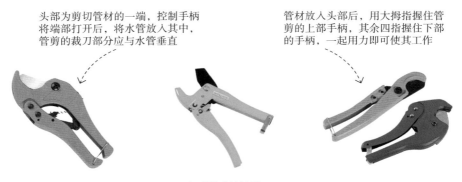

头部为剪切管材的一端，控制手柄将端部打开后，将水管放入其中，管剪的裁刀部分应与水管垂直

管材放入头部后，用大拇指握住管剪的上部手柄，其余四指握住下部的手柄，一起用力即可使其工作

各种样式的管剪

（6）冲击钻

冲击钻是一种打孔的工具，工作时，钻头在电动机的带动下不断冲击墙壁以打出圆孔，冲击钻依靠旋转和冲击来工作，分为单用冲击钻和多功能冲击钻两种类型，可在混凝土地板、墙壁、多层材料、木材、金属、陶瓷和塑料上进行钻孔。

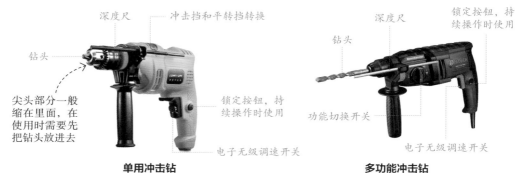

深度尺
冲击挡和平转挡转换
钻头
尖头部分一般缩在里面，在使用时需要先把钻头放进去
锁定按钮，持续操作时使用
电子无级调速开关
单用冲击钻

锁定按钮，持续操作时使用
深度尺
钻头
功能切换开关
电子无级调速开关
多功能冲击钻

（7）墙面开槽机

开槽机主要用于墙面开槽作业，机身可在墙面上滚动，调节滚轮的高度就能控制开槽的深度。

手柄 开关 刀具 深度调节板

墙面开槽机

（8）热熔器

热熔器是一种用于热塑性管材的加热、熔化然后进行连接的专业熔接工具，在管道与配件等连接的过程中具有重要作用。

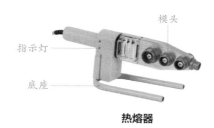

模头 指示灯 底座

热熔器

（9）试压泵

试压泵主要用于水路改造完成后进行打压试验，可测试管路的封闭程度。

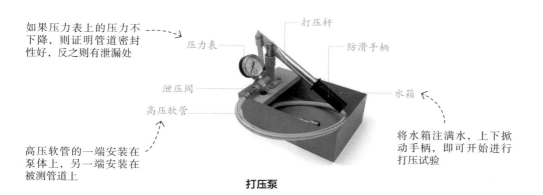

如果压力表上的压力不下降，则证明管道密封性好，反之则有泄漏处

打压杆 压力表 防滑手柄 泄压阀 水箱 高压软管

高压软管的一端安装在泵体上，另一端安装在被测管道上

将水箱注满水，上下掀动手柄，即可开始进行打压试验

打压泵

3.1.2 水路工程常用材料

（1）给水管

家装水路施工常用给水管类型如下表所示。

图片	名称	作用
	PP-R 水管	PP-R 管又叫无规共聚聚丙烯管，既可用作冷水管，也可用作热水管。与传统的管道相比，其具有节能、节材、环保、轻质高强、耐腐蚀、消菌、内壁光滑不结垢、施工和维修简便、使用寿命长等优点。施工为热熔连接，快捷、方便且不渗漏，是目前家装水路施工及改造中最为常用的一类给水管
	铜水管	铜管耐腐蚀，且抗菌性极佳，是水管中的优等品，但价格高、施工难度大，因此，多被用于如别墅等高档住宅的水路改造工程中。铜水管的安装方式有卡套、焊接和压接三种，卡套式连接时间长了存在老化漏水的问题，焊接式可永不渗漏，但施工难度高
	铝塑复合水管	铝塑复合水管内外层均为特殊的聚乙烯材料，清洁无毒、平滑，中间为铝层，因此，此类水管同时具有金属和塑胶管的优点，质轻、耐用而且施工方便，能够弯曲，但由于金属和塑料受热后膨胀性不同，所以做热水管时寿命较短，仅 5 年左右
	PB 水管	PB（聚丁烯）水管具有耐磨损、抗冲击、耐高温、安全卫生、节能环保等特点，可作为热水机的冷水管使用。其本身具有自洁功能，能保持水质的卫生、安全，且材质可完全回收，因此其价格较高，在家装水路改造中，使用频率低于 PP-R 水管

（2）给水管配件

三通

三通为水管管道配件、连接件，主要作用是通过连接管径相同或不同的水管、水管与其他配件等来改变水流的方向，具体类型如下表所示。

图片	名称	作用
	等径三通	三端接相同管径的给水管
	异径三通	三端均接给水管，其中一端为异径口，两端为等径口
	立体三通	用来连接来自多个立面方向的三条给水管，如连接来自地面方向和墙面方向的给水管
	顺水三通	一个端口设计为弧形弯，可分散水的作用力，减少水流阻力，使水压更大，水流更充足
	承口内螺纹三通	也叫作内丝三通，两端接给水管，中间的端口接外牙配件
	承口外螺纹三通	也叫作外丝三通，两端接给水管，中间的端口接内牙配件

弯头

弯头是给水管道安装中常用的一种连接用管件，可使管路做一定角度的转弯，转弯的角度取决于所用弯头的角度，具体类型如下表所示。

图片	名称	作用
	等径弯头	弯头两端的直径相同，可以连接相同规格的两根给水管
	异径弯头	弯头两端的直径不同，可以连接不同规格的两根给水管
	45°弯头	弯头两端所成的角度为45°，即两端管线连接后，转角为45°
	90°弯头	弯头两端所成的角度为90°，即两端管线连接后，转角为90°
	活接内牙弯头	主要用于需拆卸的水表及热水器的连接，一端接给水管，另一端接带有外牙的配件
	带座内牙弯头	可以通过底座固定在墙上，一端接给水管，另一端接带有外牙的配件

图片	名称	作用
	带座外牙弯头	可以通过底座固定在墙上，一端接给水管，另一端接带有内牙的配件
	外牙弯头	无螺纹的一端接给水管，带有外牙的一端接带有内牙的配件
	内牙弯头	无螺纹的一端接给水管，带有内牙的一端接带有外牙的配件
	过桥弯头	两端连接相同规格的给水管，当两路水管相遇时，用在下方，使交叉处弯曲过渡
	S形弯头	主要作用为连接不在一条直线上的两条管路
	U形回水弯头	为热水循环系统设计，用于热水管路和回水管路的连接

3
水路系统

阀门

阀门是用来改变水流方向或截止水流的部件，具有导流、截止、节流、止回、分流或溢流、卸压等功能，在家用给水管路中，阀门的主要作用是在维修管路时截止水流。常用的具体类型如下表所示。

图片	名称	作用
	截止阀	装在阀杆下的阀盘与阀体凸缘部位相配合，可以截断、恢复水流
	球阀	球阀以一个中心开孔的球体作为阀芯，旋转球体即可控制阀的开启与关闭，达到截断或接通管路中的水流的目的

直通

直通也叫作直接，属于连接件，连接管路或管路与配件，具体类型如下表所示。

图片	名称	作用
	等径直通	用来连接管径相同的两条管道
	异径直通	也叫作大小头，作用为连接两条不同管径的管道

图片	名称	作用
	外牙直通	一端连接给水管管道，带有外牙的一端连接带有内牙的配件
	内牙直通	一端连接给水管管道，带有内牙的一端连接带有外牙的配件

活接

活接是一种连接件，其一端连接管道，另一端连接配件，连接配件的金属头可进行拆卸，所以叫作活接。使用活接方便拆卸、更换阀门。如果没有活接，维修时只能锯掉管道。活接虽然更换方便，但价格比一般配件高。活接在南方很少使用，在北方用得比较多，如浴室中有些配件经常需要更换就要用活接。活接的具体类型如下表所示。

图片	名称	作用
	内牙活接	用于需拆卸处的安装连接，一端接 PP-R 管，另一端接外牙配件
	外牙活接	用于需拆卸处的安装连接，一端接 PP-R 管，另一端接内牙配件

3 水路系统

图片	名称	作用
	双头活接	用于需拆卸处的安装连接，可拆卸结构，两端均接 PP-R 管
	全塑活接	全部为 PP-R 材质的一种活接，用于需拆卸处的安装连接，可拆卸结构，两端均接 PP-R 管
	内牙直通活接	用于需拆卸处的安装连接，一端接 PP-R 管，另一端接外牙，主要用于水表连接
	内牙弯头活接	用于需拆卸处的安装连接，一端接 PP-R 管，另一端接外牙，主要用于水表连接

堵头

堵头主要用于预留管件的密封，具体类型如下表所示。

图片	名称	作用
	外丝堵	用于预留管道的密封，与内牙配件配合使用

图片	名称	作用
	内丝堵	用于预留管道的密封，与外牙配件配合使用
	管帽	也叫作堵头，平口无螺纹，用于预留管道的密封，可直接扣在预留水管头上

其他配件

除了上面介绍的配件，给水管路还有其他几种常用配件，具体类型如下表所示。

图片	名称	作用
	过桥弯管	也叫绕曲管、绕曲桥，主要作用是桥接，当两组管线呈交叉形式相遇时，上方的管道需要安装过桥弯管，使管线连接而不被另一条管道所阻碍，分为长款和短款
	管卡	管卡是用来固定管道的配件，在暗埋管线时，将管道固定住，避免施工过程中发生歪斜，保护管道，保证在后期封槽时，管道还在原来位置上
	龙头定位器	也叫连体阴弯，主要用于冷热管出水口的定位。在需要安装混水阀的情况下，冷热水管的间距应为150mm，水平差不能大于5mm，龙头定位器的间距即为150mm，使用它后，冷热出水口的间距和水平差更易做到偏差极小

3
水路系统

（3）排水管

家装水路施工常用排水管类型如下表所示。

图片	名称	作用
	PVC 管	PVC 排水管壁面光滑，阻力小，密度小，可选择的直径规格较多，长度一般为 4m 或 6m，PVC 管是目前家装水路施工和改造工程中排水管的主要类型
	不锈钢管	不锈钢排水管与 PVC 排水管相比，其主要优点为美观、耐用，但价格高，所以常用于有外露需求的情况下，例如，工业风格的居室装修中，此类管材除了作排水管，也可用于给水管，但因价格高而较少使用

（4）排水管配件

三通

PVC 排水管的三通与 PP-R 给水管的三通作用是一样的，都是为了同时连接三根管道，具体类型如下表所示。

图片	名称	作用
	等径三通	用来连接三个管径相同的 PVC 排水管，改变水流的方向
	变径三通	用来连接两个管径相同及一个口径不同的三根 PVC 排水管，改变水流的方向

图片	名称	作用
	斜三通	斜三通中一个管口是倾斜的，支管向左或向右倾斜，倾斜角度为45°或75°
	瓶形三通	形状看起来像一个瓶子，上口细，连接小直径的管道，平行方向和垂直方向的口径一样，连接同样粗细的管道

四通

四通用在四根管路的交叉口，起到将管道连接起来的作用，具体类型如下表所示。

图片	名称	作用
	斜四通	可同时连接位于同一个平面内的四根管道，有等径和变径之分。斜四通中的两个管口分别向左和向右倾斜，用来连接两根直向和两根斜向的排水管管道
	立体四通	两个口呈直线，另外两个口呈直角，可连接位于三个平面内的四根管道
	平面四通	平面四通可使排水系统的排布更加灵活，可使支管中的排水顺利汇入主管，在安装上也比较方便

弯头

弯头是 PVC 排水管路系统中的一种连接件，用来连接两根管道，使管道改变方向，具体类型如下表所示。

图片	名称	作用
	等径弯头	弯头两端的直径相同，可以连接相同规格的两根排水管
	异径弯头	弯头两端的直径不同，可以连接不同规格的两根排水管
	45°弯头	用于连接转弯处的两根管道，使管道转角处成 45°角
	90°弯头	用于连接转弯处的两根管道，使管道转角处成 90°角
	U 形弯头	形状为 U 形，分为有口和无口两种，连接两根管道，使管路成 U 形连接

图片	名称	作用
	弯头带检查口	弯头的转角处带有检查口，方便维修

存水管

存水弯也叫"水封"，是一个连通器，经常用存水弯的部位是坐便器和地漏，使用时会充满水，可以把坐便器或地漏与下水道的空气隔开，防止下水道里面的废水、废物、细菌等通过下水道传到家中，对人的身体健康造成不利影响。存水弯的具体类型如下表所示。

图片	名称	作用
	S 形存水弯	适用于与排水横管垂直连接的场所
	P 形存水弯	适用于与排水横管或排水立管水平直角连接的场所
	存水弯带检查口	以上两种存水弯在转弯处带有检查口，便于修理管道

其他配件

除了上面介绍的配件，排水管路还有其他几种常用配件，具体类型如下表所示。

图片	名称	作用
	管卡	管卡是用来将管路固定在顶面或墙面上的配件，根据固定位置的不同，款式也有区别，可分为盘式吊卡、立管卡等，盘式吊卡的作用是将管路固定在顶面上，立管卡主要用来将立管固定在墙上
	管口封闭	管口封闭的主要作用是将完工后的PVC管道头部封住，保护管道，避免杂物进入管道而堵塞管道。根据管道直径的不同，管口封闭也有不同的型号
	伸缩节	PVC排水管设置伸缩节是为了防止热胀冷缩带来的危害。一般在卫生间横管与立管相交处的三通下方设置伸缩节，以保证温度变化时，排水立管的接头与支管的接头不松、不裂
	直接	直接又称套管、管套接头。使用时要注意与水管的尺寸相匹配，当管道不够长时，可以作为连接两根管道的配件来延伸管道
	检查口	检查口是一种带有可开启检查盖的配件，一般装于立管上，在立管与横支管连接处有异物堵塞时，可以将检查口打开进行清理，有的弯头、存水弯等配件上也带有检查口

3.2 水路设计

3.2.1 水压与水流量

水压指的是家里水管内水的压力，单位为 MPa（兆帕）。家居中供水管的管径都差不多，所以水压决定了水龙头、淋浴花洒水流的大小。水压越高，水流量就会越大。水流量越大，洗澡以及浴缸放水就越方便。若是水压过低，就会影响日常生活的品质。0.3MPa 是一个较为适合的水压值。在施工队口中，通常用公斤来描述水压，国外则可能会用 bar 来描述。$0.3MPa \approx 3bar=3kgf/cm^2$，0.3MPa 的压力可以让花洒软管，也就是四分管里的水流量达到 15L/min，也就是 $0.9m^3/h$，通常可以满足日常需要。

水压	≥ 0.3MPa	0.2MPa 左右	< 0.1MPa
水流量	≥ 15L/min	10L/min 左右	< 5L/min
代表的含义	水压达标，无须担心水压问题，像空气注入式花洒或者大尺寸的顶喷花洒都可以考虑使用	可以凑合使用，不建议在淋浴间内使用空气注入式花洒和节水型花洒。由于水压不达标，无法体会到空气注入式花洒带来的使用感受，而节水型花洒会让水流更小，淋浴时更无法感到舒适	水压过低，水流过小，应考虑增设增压泵，以免干扰正常生活

注：五星级酒店的花洒端水流量通常大于 20L/min，对应的四分管水压约 0.4MPa。

● 小贴士

水压的测量

若有水压表，可直接拧在花洒软管上，如果测得数据 ≥ 0.3MPa 就证明水压达标。

若无水压表，可以用花洒软管往桶里接水，用秒表记录装满的时间，然后称一下空桶装满水前后的重量，其差值就是桶内水的重量。最后用公式计算：水的重量 / 秒数 ×60 的数值即为水流量（单位 L/min）。若水流量 ≥ 15L/min，则水压达标。

3.2.2 优质水系统的设计

优质水系统体现在两个方面，一方面是水压，体现在水流量的大小上，另一方面就是水质，具体设计就体现在全屋净水系统上。

（1）水设备的统一

水压在整个家庭水路当中是存在木桶效应的，因此，若提高了水压，那水路上的所有设备都需要提升到同一个流量级别，也就是说要统一水路上用水设备的规格。

热水器的选择：热水器分为电热水器和燃气热水器两种，从使用寿命和安全以及便捷性上，电热水器都更加成熟且稳定。在选择电热水器时要重点考虑水流量，可以根据家中人口数量和使用频率来进行选择。通常，一家三口选择 60L 以上的热水器，四口之家选择 80L 左右的热水器，才能保证花洒的出水流量够大。

软水机的选择：软水机也需要考虑流量，水流量越大，软水机的流量也要越大。流量太小的软水机无法处理这么多的水量。0.3MPa 水压下的软水机处理能力至少要在 1t 级别。

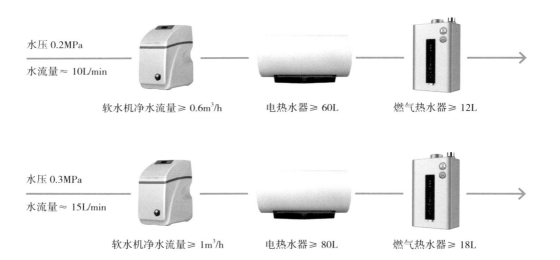

水压 0.2MPa

水流量 ≈ 10L/min

软水机净水流量 ≥ 0.6m³/h　　电热水器 ≥ 60L　　燃气热水器 ≥ 12L

水压 0.3MPa

水流量 ≈ 15L/min

软水机净水流量 ≥ 1m³/h　　电热水器 ≥ 80L　　燃气热水器 ≥ 18L

除此之外，地漏也要考虑到，若水流量较大，淋浴间的地漏也要选择大排量的，否则会产生积水。

（2）全屋净水系统不同价位的搭配

低配版

若预算不高，房间空间不大，可以在水路上只装前置过滤器和终端净水机，如此就已经能满足日常所需了。

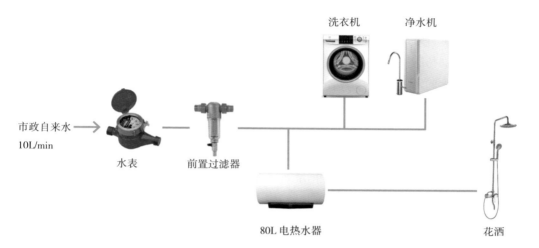

高配版

若是预算高一些，并且空间足够大，可以考虑采用高配版，能够实现全屋无水渍和更畅快的淋浴体验，本套高配版的净水系统的造价在一两万元。

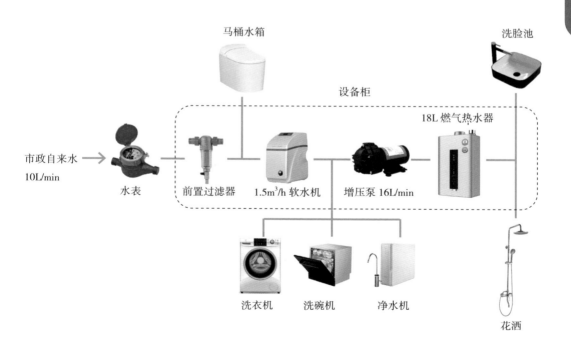

别墅版

别墅空间一般户型面积较大，层数多且有独立设备间。因为面积太大，水路扬程长，用水量多，所以需要加装一些增压及过滤的设备，而且很多水系统设备都需要升级。

①中央净水机：前置过滤之后进一步过滤，滤芯为 KDF 铜合金或者钛棒，可以去除水中的重金属和氯。

②中央软水机：大型软水机，软化流量可达 3t/h，储盐量可达 45L。但若是使用，需要每个月进行加盐维护。

③中央热水器：超大容积电热水器向全屋供应热水。

④热水循环泵：让热水管里的水不断从热水器中循环，保持在 42℃。如此，不论水龙头和花洒离热水器有多远的距离，都能即开即热。

⑤大排量地漏：家装中若使用了大流量的顶喷花洒，那地漏的排量也要一同提升，要用排水能力至少达到 50L/min 的大排量地漏。

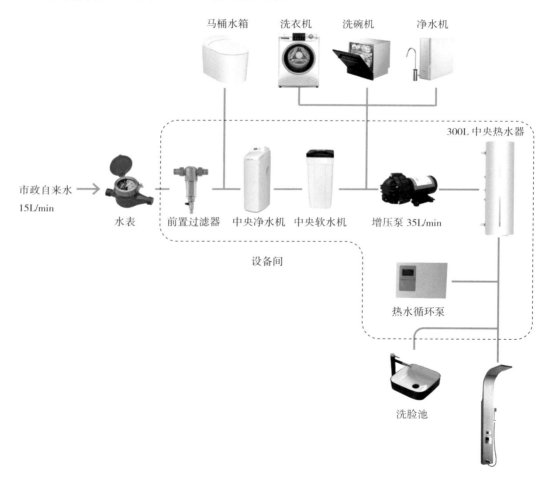

33L/min 飞瀑花洒

3.3 水路布管

3.3.1 入户水管总阀门布置

给水管入户水管的位置通常在厨房，室内所有的冷热水管均从入户水管接入。因此，为保障室内的用水安全，需要在入户水管的源头设计并安装一个阀门，可手动地开启、关闭水流，实现对室内供水的控制。

总阀门通常距地面 300mm 左右，需要从入户水管接 90° 弯头抬高水管的高度，形成一个 U 字形，从而将阀门设计在合理位置，便于使用中的开关操作。

阀门设计为 U 形底部水管的中间，和 90° 弯头保持一定的距离，避免配件之间距离过近引起后期水管漏水

入户水管总阀门的布置

3.3.2 室内冷热水管布管走向图

室内冷热水管的分布，数量较多、较密集的区域集中在卫生间，无论是客用卫生间，还是主卫生间，需要设计的冷热水管都很多。从下面的冷热水管布管走向图中可以看出，冷热水由厨房引入卫生间的过程中，有一个冷水管的分支引向了阳台，因此从图片中可清晰地看到两条不同的分支。在设计冷热水管的位置、走向时，应尽量保持水管靠近墙边，保持水管的平直，减少转弯与各种配件的接头。

室内冷热水管的布管方案为从厨房开始接入冷水管，将其接入卫生间后，再由卫生间接出热水管到需要的空间。其中，冷水管需要接入的空间有厨房、卫生间以及阳台，而热水管只需要接入厨房和卫生间，阳台通常不需要。

通往阳台的冷水管　　　卫生间内的冷热水管布管　　　冷热水管并排设计时应保持一定的间距

冷热水管布管走向图（一）　　　　　　　　　冷热水管布管走向图（二）

3.3.3 冷热水管交叉处布管方法

过桥弯头拱桥向下

水管的交叉情况大致分两种，一种是 T 字形交叉，另一种是十字形交叉。在解决交叉问题时，采用的 PP-R 水管配件为三通、90° 弯头以及过桥弯头。其中，三通用于 T 字形交叉，而过桥弯头则用于十字形交叉。设计中有一个细节需要注意，过桥弯头拱桥的方向要向下，从直管的下侧绕过。这种设计方式是为了保证所有给水管处于同一个平面，而不会有个别凸起的部分影响后期的施工。

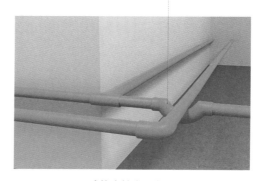

冷热水管交叉布管

3.3.4 水槽冷热水布管

热水管　　　冷水管

水槽设计在厨房的窗户前面，冷热水管设计在窗户的下面、橱柜的里面。从右图中可以看出，安装阀门的入户冷水管通过三通接入右侧的水槽冷水管里，而左侧则是热水管，冷热水管之间保持 150~200mm 的间距，冷热水管端口距地 450~550mm，这样便于接通水槽的水龙头。

水槽冷热水布管

3.3.5 洗面盆冷热水布管

为卫生间内的洗面盆设计冷热水管同样需要遵循左热右冷的原则，并保持冷热水管端口的水平。在卫生间中，洗面盆通常设计在靠近门口的一侧，以便于日常生活中的使用。冷热水管设计具体位置时，应距离侧边的墙面350~550mm，便于后期安装洗面盆，使洗面盆处于洗手柜的中间。洗面盆冷热水管端口距地高度有两种选择，一种是距地450~500mm，将其隐藏在洗手柜里面，同时会搭配"S"形存水弯；另一种是距地900~950mm，将其隐藏在墙面里，设计为墙排水龙头，同时搭配"U"形存水弯，设计在地面转角处。

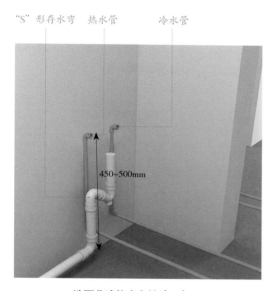

洗面盆冷热水布管（一）

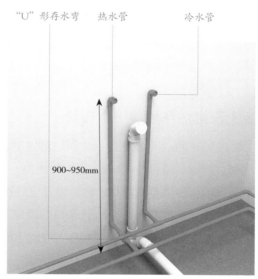

洗面盆冷热水布管（二）

3.3.6 坐便器冷水管布管

坐便器与卫生间内的其他用水设备不同，坐便器不需要接入热水管，只需要冷水管。因此，在坐便器的给水管布管中，只需要接入冷水管。由于坐便器的体积通常较大，因此在设计冷水管位置时，需注意偏离坐便器排水管一定的距离，保证坐便器安装后，不会遮挡住冷水管端口。

坐便器冷水管的端口与室内其他水管相比是距离地面最近的，在250~400mm。

坐便器冷水管布管（一）

坐便器冷水管布管（二）

3.3.7 淋浴花洒冷热水布管

淋浴花洒通常设计在卫生间的最内侧，靠近窗户的位置。花洒冷热水管的设计位置与侧边的墙面需保持 400mm 以上的距离，这样的距离使得淋浴花洒在使用中更舒适，如下图所示。淋浴花洒冷热水管的设计也应遵循左热右冷的原则。

在设计淋浴花洒冷热水管端口的距地高度时，应使之保持在 1100~1150mm，这样加上明装在上面的淋浴喷头，共有 2000~2100mm 的离地高度，这个高度在实际的使用中最舒适。

淋浴花洒冷热水布管（一）

淋浴花洒冷热水布管（二）

3.3.8 热水器冷热水布管

热水器在卫生间中的安装高度为 2000~2200mm，是各项用水设备中安装高度最高的，冷热水管的安装高度也要相应地提高，端口距地标准为 1800mm。如下图所示，热水器冷热水管的位置应综合考虑淋浴花洒及洗浴间隔断的位置及高度。

热水器冷热水布管（一）　　　　　　　　**热水器冷热水布管（二）**

3.3.9 洗衣机冷水管布管

洗衣机的高度通常为 850~950mm，而洗衣机的进水口统一设计在上面。因此，洗衣机冷水管的设计高度应为 1100~1200mm。同时，冷水管的设计位置应靠近墙边的一侧，而不是洗衣机的正后方。

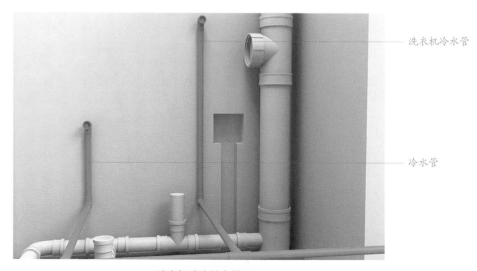

洗衣机冷水管布管

3.3.10 拖布池冷水管布管

拖布池通常邻近洗衣机摆放，这样设计是便于冷水管的布管，可以减少管路的长度与转弯。拖布池的高度较低，冷水管的高度设计应在 300~450mm。与洗衣机冷水管不同的是，拖布池冷水管应设计在拖布池的正中间，而不是拖布池的一侧。

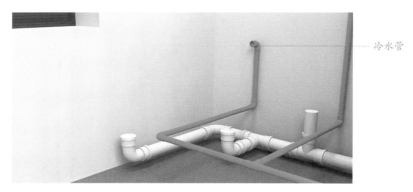

冷水管

▲拖布池冷水管布管

3.3.11 厨房水槽排水管布管

水槽的排水管采用 50 管（公称直径为 50mm），需要使用异径三通从主排水立管（公称直径为 110mm）上接管。因为水槽排水管的管路全部隐藏在橱柜里面，所以排水管不需要紧贴地面，或者预埋入地面当中。设计存水弯时，需使用 P 形存水弯，可有效地起到阻隔异味的作用。

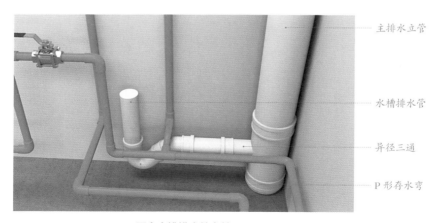

主排水立管

水槽排水管

异径三通

P 形存水弯

厨房水槽排水管布管

3.3.12 卫生间排水管整体走向图

当卫生间内只有一个主排水立管时，地漏、坐便器排水、洗面盆排水等都需要接入统一的管道系统中。卫生间的排水主管道采用110管（公称直径为110mm），将坐便器排水管接入其中，之后的部分再采用50管（公称直径为50mm）。这样的设计，可保证排水管排水、排污的畅通，不会遇到堵塞等情况。

在50管与110管连接的地方，采用异径直接连接，并将50管安装到110管的上侧。这样设计的目的是防止排水管的污水倒流以及异味的扩散。

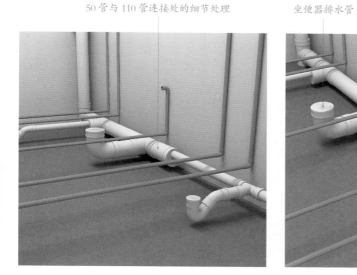

50管与110管连接处的细节处理

卫生间排水管整体走向图（一）

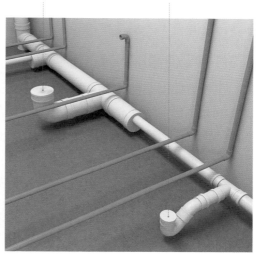

坐便器排水管　　　　地漏排水管

卫生间排水管整体走向图（二）

3.3.13 洗面盆排水管布管

洗面盆的排水管布管设计有两种方式，分别应对不同的情况。一种是普通的洗面盆，排水管隐藏在洗手柜里面。设计这种排水管时，需要在洗面盆排水的位置设计S形存水弯，并预留检修口，便于后期排水管堵塞时的维修解决。

另一种是墙排式洗面盆设计，排水管需要预埋在墙体中，端口的位置采用45°弯头连接。在排水管的下侧，需要预留P形存水弯，起到防异味的作用。需要注意，无论排水管采用哪种设计方式，排水管都需要设计在给水管的下面，便于施工。

3
水路系统

洗面盆排水管（普通式布管）

洗面盆排水管（墙排式布管）

3.3.14 坐便器排水管布管

坐便器的排水管采用110管（公称直径为110mm），与主排水立管的直径相同。在设计坐便器排水管的过程中，需要采用90°弯头以及等径三通。等径三通用于连接主管道与分支管道，而90°弯头用于连接坐便器。从右图中可以看出，坐便器的排水管明显比周围的地漏排水管要粗很多。

坐便器排水管布管

3.3.15 洗衣机和拖布池排水管布管

洗衣机和拖布池的排水管相距较近，统一从阳台主排水立管上接管。在主排水立管上设计一个异径三通，使其连接50管（公称直径为50mm），然后在50管上分别接入洗衣机排水管和拖布池排水管。

由于拖布池的排水阀在中间，因此拖布池排水管采用横向连接，并安装一个90°弯头；而洗衣机的排水管一般设计在洗衣机背后的地面上，因此洗衣机排水管应纵向连接，位置设计在洗衣机的一侧，而不是正后方。

阳台内的洗衣机和拖布池均不需要预留存水弯。

在阳台布置用水设施应首先检查阳台有无主排水立管，或排水可否接入房屋的主排水立管。洗衣机、拖布池等的排水不应接入雨水管道。

洗衣机排水管

拖布池排水管

阳台公共地漏

洗衣机和拖布池排水管布管

3.3.16 地漏排水管布管

在卫生间中需要设计两个地漏，一个是公共地漏，另一个是淋浴房地漏；在有用水设施的阳台中需要设计一个公共地漏；在厨房中不需要设计地漏。无论设计在哪个空间的地漏，都需要采用 50 管（公称直径为 50mm）。在卫生间中设计的地漏，均需要设计P 形存水弯，以防止异味逸出；在阳台中设计的地漏不需要设计存水弯。

卫生间内的公共地漏，设计位置应靠近坐便器，安装在不显眼的地方；而淋浴房的地漏则应距离淋浴花洒不太远，理想的情况是设计在淋浴花洒的正下方或附近。

地漏排水管的设计，需要控制分支管道的长度，缩短管道的长度，减少转角，以最小的阻力将污水排入主排水立管。

卫生间公共地漏

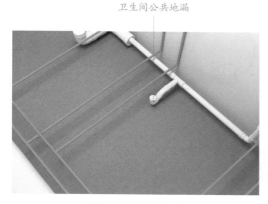

地漏排水管布管（一）

卫生间公共地漏　　　淋浴房地漏

地漏排水管布管（二）

3.4 水管连接

3.4.1 PP-R 给水管热熔连接

步骤一　准备工具

　　将管材、管件、热熔器、模具头、管剪、记号笔等工具准备好，并将热熔器连接好电源加热，其中 PP-R 管的加热温度为 260~270 ℃，PE 管的加热温度为 220~230 ℃。

模具头　　螺钉　　热熔器

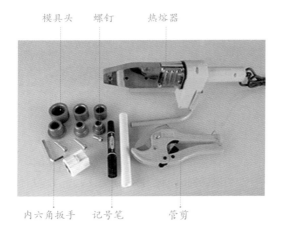

内六角扳手　　记号笔　　　管剪

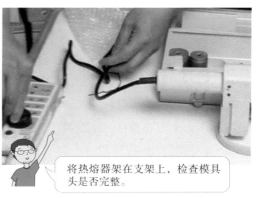

将热熔器架在支架上，检查模具头是否完整。

用螺钉安装模具头，使用六角扳手拧紧。

绿色指示灯

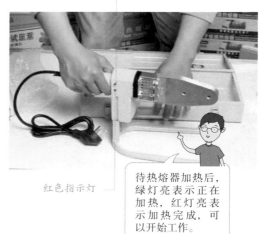

红色指示灯

待热熔器加热后，绿灯亮表示正在加热，红灯亮表示加热完成，可以开始工作。

步骤二　裁切管材

用管剪垂直剪出所需长度的管材。

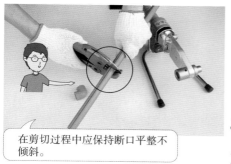

在剪切过程中应保持断口平整不倾斜。

剪切完成后，用干净的毛巾或棉布将管材及熔接口的灰尘及污垢擦干净，否则容易导致热熔失败。

步骤三　热熔连接入户水管及管件

热熔 90° 弯头，并将水管配件热熔连接至入户水管。

先将热熔器预热，然后将 90° 弯头插入热熔器模具头凸面，PP-R 管插入热熔器模具头凹面，匀速向内推进。

调整 90° 弯头连接 PP-R 管的角度。这里有一个小技巧，可将弯头上凸起的线条和 PP-R 管的红色线条对齐，便于连接。

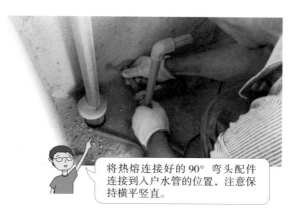

将热熔连接好的 90° 弯头配件连接到入户水管的位置，注意保持横平竖直。

步骤四　热熔连接水管总阀门

热熔器的模具头两端分别热熔 PP-R 给水管和金属阀门，取出热熔器后，将两端匀速推进热熔到一起，并保持金属阀门在水平方向平直。

热熔器的模具头两端分别热熔 PP-R 给水管和金属阀门。

取出热熔器后，将两端匀速推进热熔到一起，并保持金属阀门在水平方向平直。

步骤五　向厨房、卫生间等处热熔连接给水管分支

①热熔连接直接接头的方法如下。

热熔器预热，准备好后将 PP-R 管匀速插入左侧的热熔器模具头，将直接接头匀速插入右侧热熔器模具头。插入要同时进行，既不可旋转，也不可速度过快。

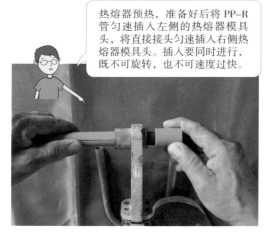

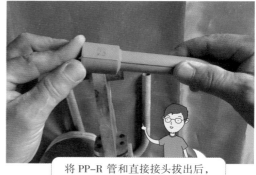

将 PP-R 管和直接接头拔出后，快速将两者连接在一起。连接的过程保持 PP-R 管和直接接头的平直。

②热熔连接过桥弯头的方法如下。

先将热熔器预热，然后将过桥弯头插入热熔器模具头的凸面，将PP-R管插入热熔器模具头的凹面，并匀速向内推进，推进至顶端后停留1~2s，然后迅速拔出。

将过桥弯头凸起的细线对准PP-R管的红色细线，推进连接到一起。

③热熔连接三通的方法如下。

⇨扫码观看
热熔连接过桥弯头

⇨扫码观看
热熔连接三通

先连接三通"T"字接头的一端。匀速地将三通和PP-R管插入热熔器模具头，熔化好后迅速拔出。

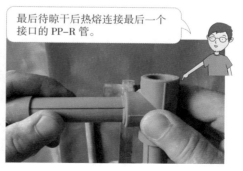

拔出后，将两端接头热熔连接到一起。

待晾干后再热熔连接三通的垂直接口，也就是第二根PP-R管。

最后待晾干后热熔连接最后一个接口的PP-R管。

3
水路系统

④检查热熔接口，完成连接。

热熔连接完成后，检查连接质量，先看热熔处是否出现胶圈，胶圈的形状越好，说明热熔连接的质量越高。检查无误后，将给水管分支固定到墙面上。

步骤六　热熔连接各处用水端口的内螺纹弯头

①内丝弯头热熔连接三通的方法如下。

先将三通的垂直端口与内螺纹弯头热熔连接到一起。

然后剪去 PP-R 管多余的管头。

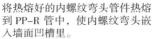

将热熔好的内螺纹弯头管件热熔到 PP-R 管中，使内螺纹弯头嵌入墙面凹槽里。

最后热熔连接上面的 PP-R 管。

②热熔连接双联内螺纹弯头的方法如下。

先将双联内螺纹弯头和两根等长的 PP-R 管平放在地面上，依次热熔连接到一起。

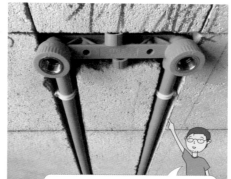

然后再将组合好的管件嵌入墙面的凹槽里。这种方式可降低施工难度，且足以保证双联内螺纹弯头和 PP-R 管的垂直。双联内螺纹弯头主要用于淋浴花洒的位置。

步骤七　安装堵头和金属软管

所有的 PP-R 管热熔连接好之后，在每一个内螺纹弯头处安装堵头和金属软管，使给水管形成封闭管路，以便后续做打压测试。

金属软管

堵头

3.4.2 PVC 排水管粘接

步骤一　测量，画线，标记

如下图（左）所示，测量排水管的铺装长度，并用记号笔标记。

⇒ 扫 码 观 看
PVC 排水管粘接

步骤二　切割 PVC 排水管

①切割较粗的排水管应使用切割机。

如下图（右）所示，将标记好的管道放置在切割机中，标记点对准切片，匀速缓慢地切割管道，切割时确保切割片与管道成 90°角。

切割后，迅速将切割片抬起，防止切割片过热烫坏管口。

因为切割机的切割片有一定的厚度，所以在管道上做标记时需多预留 2~3 mm，确保切割管道长度足够。

②切割较细的排水管可使用锯子。

如下图（左）所示，对较细的排水管或细节处的排水管进行切割，可用锯子锯。

步骤三　擦拭 PVC 排水管管口

如下图（右）所示，用抹布将切割好的管道擦拭干净。

操作过程中，用手握住排水管的一端，另一端排水管抵住地面，然后使用锯子以 90°角垂直锯断排水管。

旧管件必须使用清洁剂清洗粘接面。

步骤四 涂刷胶水

在管道内外两侧涂刷胶水。

先在管道待粘接面内侧均匀地涂抹胶水，涂抹深度为排水管粘接的深度。

然后在管道待粘接面外侧涂抹胶水，长约1cm，胶水涂抹需均匀，厚度保持一致。

步骤五 粘接排水管及配件

将配件轻微旋转着插入管道。

完全插入后，需要固定15s，待胶水晾干后安装到具体的位置。

3.4.3 管道的螺纹连接

（1）螺纹连接

步骤一 套制管段

根据管段测量尺寸，按照要求套制出管段。

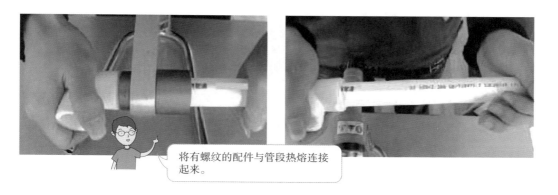

将有螺纹的配件与管段热熔连接起来。

步骤二　连接螺纹与配件

为外牙配件缠上生料带，用手将需要连接的设备配件旋在带螺纹配件的管段上。

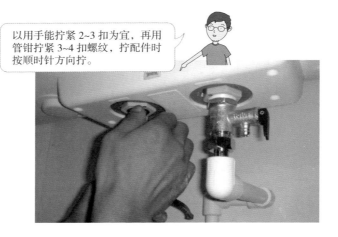

以用手能拧紧 2~3 扣为宜，再用管钳拧紧 3~4 扣螺纹，拧配件时按顺时针方向拧。

步骤三　进一步固定阀门与螺纹管段

一人首先用管钳夹住已拧紧的配件的一端，另一人用管钳拧紧管段。前者要保持配件位置不变，因而用力方向为逆时针，后者按顺时针方向慢慢拧紧管段即可。

（2）活接头连接

活接头由三个单件组成，即公口、母口和套母。

公口：一头带插嘴与母口承嘴相配，另一头带内螺纹与管子外螺纹连接。

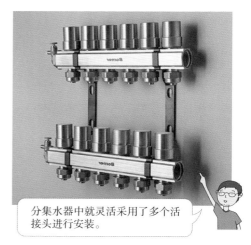

母口：一头带承嘴与公口插嘴相配，另一头带内螺纹与管子外螺纹连接。

套母：外表面呈六角形，内表面有内螺纹，内螺纹与母口上的外螺纹配合。

分集水器中就灵活采用了多个活接头进行安装。

（3）锁母连接

锁母连接也是管道连接中的一种活接形式，锁母一端带内螺纹，另一端有一个与管外径相同的孔，外观是一个六边形。连接时，先从锁母有一个小孔的一头把管子穿进，再把管子插入要连接的带外螺纹的管件或控制件内，再在连接处充塞填料，最后用扳手将锁母锁紧在连接件上。

锁母连接

3.4.4 管道的卡套连接

步骤一　检查和清洗

如下图（左）所示，安装前对卡套式接头进行检查和清洗。

步骤二　切割管材

切割所需尺寸的管子，要求管端平齐、整洁，端面与管子轴线垂直，刮净管口内、外的毛刺。

步骤三　进一步固定阀门与螺纹管段

如下图（右）所示，把连接的管子套进螺母和卡套，将管子插入接头体，用扳手拧紧螺母，使压紧环变形，夹紧管子，使管子端面缩小与密封环形成密封状态。

接头体

卡套

螺母

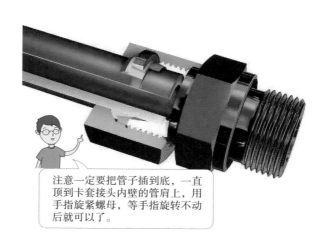

注意一定要把管子插到底，一直顶到卡套接头内壁的管肩上，用手指旋紧螺母，等手指旋转不动后就可以了。

3.5 水路现场施工

3.5.1 水路施工工艺流程

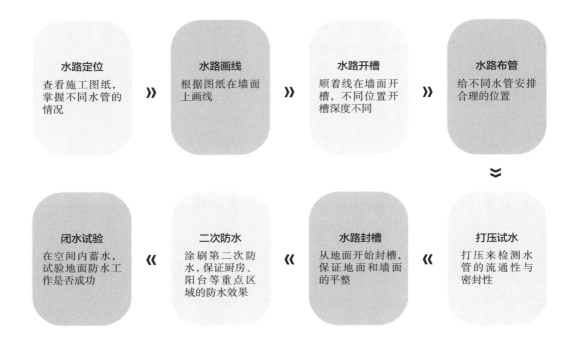

水路定位
查看施工图纸，掌握不同水管的情况

水路画线
根据图纸在墙面上画线

水路开槽
顺着线在墙面开槽，不同位置开槽深度不同

水路布管
给不同水管安排合理的位置

闭水试验
在空间内蓄水，试验地面防水工作是否成功

二次防水
涂刷第二次防水，保证厨房、阳台等重点区域的防水效果

水路封槽
从地面开始封槽，保证地面和墙面的平整

打压试水
打压来检测水管的流通性与密封性

3.5.2 水路定位及画线

（1）水路定位

水路施工定位的目的是明确一切用水设备的尺寸、安装高度及摆放位置，以免影响施工过程及水路施工要达到的使用目的。定位的过程即根据施工图纸上所标示出来的用水设备的位置和高度，将管路的走向和进水口、出水口的位置等，用粉笔或者黑色墨水笔在墙面上标出位置，具体步骤如下。

步骤一　查看现场

对照水路布置图（由设计公司提供）以及相关橱柜水路图（由橱柜公司提供），查看现场实际情况。

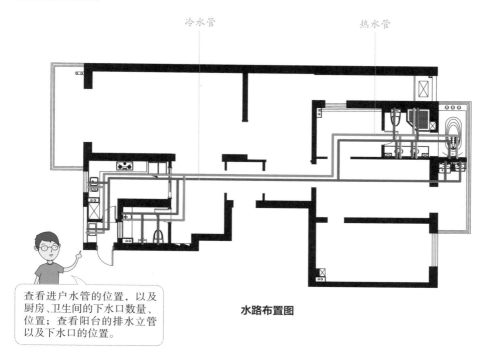

冷水管　　　　　　　热水管

查看进户水管的位置，以及厨房、卫生间的下水口数量、位置；查看阳台的排水立管以及下水口的位置。

水路布置图

步骤二　定位

从卫生间或厨房开始定位（从离进户水管最近的房间开始）。

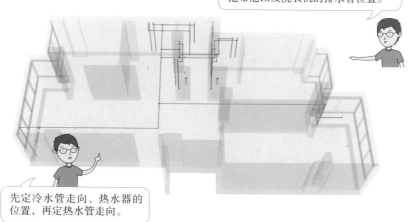

根据水路布置图，确定卫生间、厨房改造地漏的数量，以及将要改动的位置；确定坐便器、洗手盆、水槽、拖布池以及洗衣机的排水管位置。

先定冷水管走向、热水器的位置，再定热水管走向。

水路给水管三维放样图

在墙面标记出用水洁具、厨具的位置，包括热水器、淋浴花洒、坐便器、浴缸、小便器以及水槽、洗衣机等，具体尺寸如下图所示。

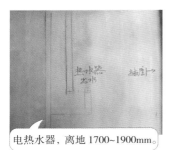

电热水器，离地 1700~1900mm。

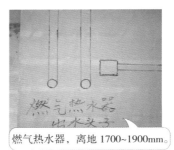

燃气热水器，离地 1700~1900mm。

洗脸盆，离地 500~950mm。

坐便器，离地 250~350mm。

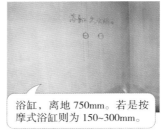

浴缸，离地 750mm。若是按摩式浴缸则为 150~300mm。

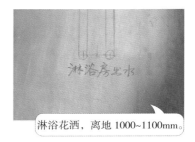

淋浴花洒，离地 1000~1100mm。

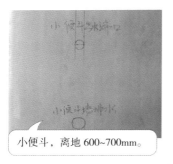

小便斗，离地 600~700mm。

厨房水槽，离地 500~550mm。

洗衣机，离地 850~1100mm。

（2）画线

画线的具体操作为将定位后的出水口，按照管线的敷设路径，用直线全部连接起来，在墙面、地面和顶面上用线标示出全部的管路走向，具体步骤如下。

将水平仪调试好，根据红外线用卷尺在管线两头定点，一般离地 1000mm。再根据这个点给其他方向的墙上做标记，最后按标记的点弹线。

步骤一 弹水平线

进行画线操作时，需先弹水平线，这里需要使用激光水平仪进行辅助操作。

步骤二　设计水管走向

根据进户水管、水管出水端口的位置，设计水管的走向。根据不同的情况，开槽走管可分为地面走水管与墙面走水管两种。通常，用水终端多设计为竖向走管。

步骤三　墙面弹线

如下图（左）所示，墙面水管弹线画双线。

步骤四　顶面弹线

如下图（右）所示，顶面水管弹线画单线，标记出水管的走向。

冷热水管画线需分开，彼此之间的距离保持在 200mm 以上 300mm 以下。

顶面水管不涉及开槽的问题，因此画单线即可。

步骤五　地面弹线

地面水管弹线画双线，线的宽度根据排布的水管数量决定。通常，一根水管的画线宽度保持在 40mm 左右，以此类推。

3.5.3 水路开槽

步骤一　掌握开槽深度

水管开槽的宽度是 40mm，深度一般在 20~25mm。冷热水管之间的距离要大于200mm，水管不能铺设在电线管道的上面。

步骤二　墙面开槽

用开槽机开槽时，走向为从左到右、从上到下。

➡️ 扫 码 观 看
水路墙面开槽

开槽机在使用过程中，需不断向开槽处喷水，以防止刀具过热并减少灰尘。

对于一些特殊位置及特殊宽度的槽，可使用冲击钻。

3.5.4 水路布管

（1）给水管布管

步骤一　敷设顶面给水管

顶面敷设给水管应与墙面保持平行。

先安装给水管吊卡件，每组吊卡件间距 400~600mm，然后敷设给水管。

给水管与吊顶间距离保持在 80~100mm。

步骤二　敷设墙面给水管

①交叉管路的处理方法如下。

当墙面中的水管需要交叉连接时，增加过桥弯头和三通，并将过桥弯头安装在三通的下面，避免其凸出墙面。

②热水器进水端口的安装方法如下。

热水器进水端口使用承口内螺纹弯头和三通连接，不影响端口以上的位置连接水管。

⇨扫码观看
热水器进水端口
的安装

③洗手盆冷、热水端口的安装方法如下。

洗手盆冷、热水端口使用承口内螺纹弯头连接，两个端口之间保持150~200mm的间距。

⇨扫码观看
洗手盆冷、热水
端口的安装

3
水路系统

④连接支路水管的方法如下。

使用三通连接支路水管，并采用一次性热熔连接到位的方式，使其嵌入墙面凹槽中。

⑤安装淋浴软管的方法如下。

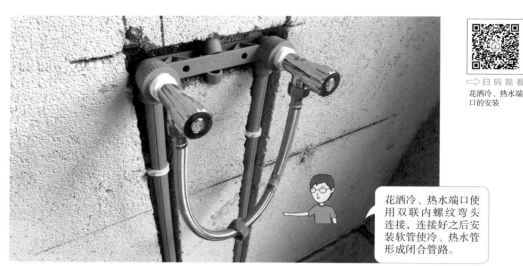

⇨扫码观看
花洒冷、热水端口的安装

花洒冷、热水端口使用双联内螺纹弯头连接，连接好之后安装软管使冷、热水管形成闭合管路。

步骤三　敷设地面给水管

当水管的长度超过 6000mm 时，需采用 U 形施工工艺。

若管路产生交叉时，应采用十字交叉敷设。

U 形管的 U 形底部长度不得低于 150mm，不得高于 400mm。

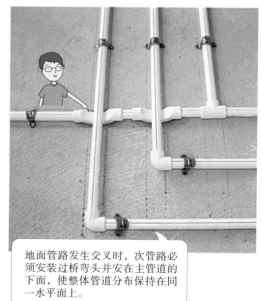

地面管路发生交叉时，次管路必须安装过桥弯头并安在主管道的下面，使整体管道分布保持在同一水平面上。

（2）排水管布管

步骤一　敷设坐便器排污管

⟹扫码观看
坐便器排污管
距离讲解

改变坐便器排污管位置最好的方案是与楼下业主协商，从楼下的主管道开始修改。

坐便器改墙排水时，需在地面、墙面开槽，将排水管全部预埋进去，并保持轻微的坡度。

下沉式卫生间，坐便器排水管的安装，需有轻微的坡度，并用管夹固定。

步骤二　敷设洗手盆、水槽排水管

水槽排水需靠近排水立管安装，并预留存水弯。

墙排式洗手盆，排水管高度在 400~500mm。

普通洗手盆的排水管，安装位置距离墙面 50~100mm。

步骤三　敷设洗衣机、拖布池排水管

洗衣机排水管不可紧贴墙面，
需预留出 50mm 以上的宽度。
洗衣机旁边需预留地漏下水管，
以防止阳台积水。

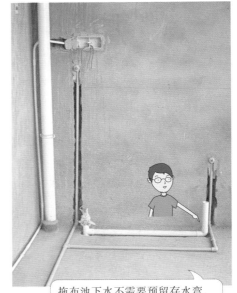

拖布池下水不需要预留存水弯，
通常安装在靠近排水立管的位置。

步骤四　敷设地漏排水管

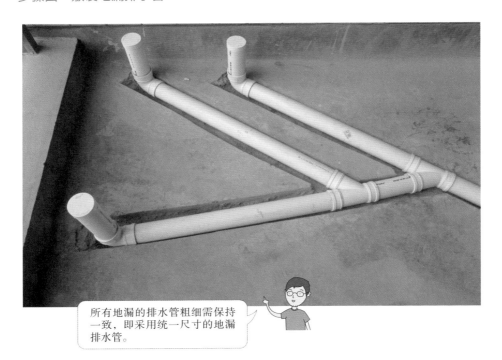

所有地漏的排水管粗细需保持
一致，即采用统一尺寸的地漏
排水管。

3.5.5 打压试水

⇒扫码观看
水管打压测试

步骤一　封堵出水口

关闭进水总阀门，封堵所有出水端口。

步骤二　连接冷、热水管

用软管将冷、热水管连接起来，形成一个闭合水路。

安装堵头

软管连接冷、热水管

步骤三　连接打压泵

连接打压泵，将打压泵注满水，将压力指针调整在 0 上。

步骤四　开始测压

开始测压，摇动压杆使压力表指针指向 0.9~1.0（此刻压力是正常水压的 3 倍）保持这个压力一定的时间。不同管材的测压时间不同，一般在 30min~4h。

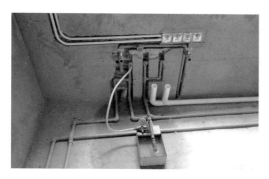

连接打压泵

开始测压

步骤五　查看结果

测压期间逐个检查堵头、内丝接头，看是否渗水。打压泵在规定的时间内，压力表指针没有丝毫下降，或下降幅度保持在 10% 以内，说明测压成功。反之，则证明管路有渗漏之处，应及时查找并进行修理，而后再次进行打压测试，直到合格为止。

3.5.6 水路封槽

步骤一　封堵出水口

水管线路经打压测试没有任何渗漏后，才能够进行封槽。

水管封槽前，应检查所有的管道，对有松动的地方进行加固。

步骤二　选择适合的封槽材料

水路封槽多使用水泥砂浆。

而电路封槽可根据情况选择使用水泥砂浆或石膏。

当管槽的深度大于 30mm 时，必须用水泥砂浆来封槽，厨房和卫浴间因为后期要贴砖，也必须使用水泥封槽，以使铺砖用的水泥砂浆与槽线结合得更为结实、紧密。

因为建筑结构或其他原因，有的地方会存在深度小于 30mm 的浅槽，此类管槽适合用石膏来封槽。

步骤三　封槽

水泥封槽使用的是 1∶1 的水泥砂浆，涂抹时水泥砂浆应低于墙面 8~10mm，以便后续刮腻子时处理平整。给水管封槽时，要给热水管预留一些膨胀空间。

管槽表面要用水泥砂浆批粉，并要贴布防开裂。

3.5.7 二次防水

⇨扫码观看
丙纶防水布的
剪裁技巧

步骤一　准备丙纶防水布

如下图（左）所示，先将丙纶防水布做适当的剪裁，再将其边角铺设折叠至合适位置，如下图（右）所示。

根据卫生间的长、宽尺寸裁剪丙纶防水布，然后预铺设到卫生间中，并检查裁剪尺寸是否合理。若合理，将丙纶防水布收起来，准备下一步。

丙纶防水布铺设到边角位置，预留出300~400mm的长度，叠放整齐，准备铺设到墙面上。

接着在丙纶防水布下水道口处剪出豁口。

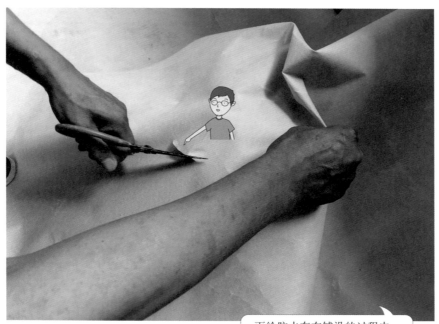

丙纶防水布在铺设的过程中，遇到下水管道的位置，用剪刀剪出豁口，套进管道。

3
水路系统

步骤二　搅拌防水涂料

防水涂料由液料和粉料搅拌而成。

⇨扫 码 观 看
搅拌防水涂料

先放液料，再慢慢加入粉料。

使用搅拌器进行充分的搅拌，持续 3~5min，形成无生粉团和颗粒的均匀浆料即可。

步骤三　涂抹防水涂料

　　在卫生间的地面上洒水，以润湿地面；墙面高 300mm 左右以下的位置也需要洒水润湿，然后将搅拌好的防水涂料倒在地面上，涂抹均匀。

⇨扫 码 观 看
涂刷第一遍防水
涂料

防水涂料涂在地面上保持 2~3mm 的厚度。

步骤四　铺贴丙纶防水布

将预先准备好的丙纶防水布按照顺序铺设到卫生间中，并用防水涂料将其粘贴好。

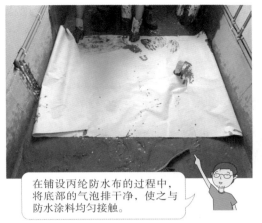

在铺设丙纶防水布的过程中，将底部的气泡排干净，使之与防水涂料均匀接触。

墙边的丙纶防水布在铺贴前，需均匀涂抹防水涂料（防水涂料起到黏合剂的作用），然后铺贴到墙面上。

步骤五　继续涂刷防水涂料

待丙纶防水布全部铺贴之后，在布料的表面再次填充防水涂料。

形成一层防水涂料、一层丙纶防水布、一层防水涂料的三重防护效果。

填充的防水涂料需要刮平，使凹凸不平的表面平整。平整后的防水涂料有明亮的反光层。

3.5.8 闭水试验

步骤一　封堵排水口、门口

二次防水施工完成后，过 24h 开始做闭水试验。

⇨ 扫 码 观 看
闭水试验

首先需封堵地漏、面盆、坐便器等排水管管口。

封堵管口可采用胶带粘贴，可使用塑料袋装满沙子，还可采用专业的地漏盖封堵。

封堵卫生间门口，制作挡水条。

可将丙纶防水布裁剪后卷在一起，作为挡水条使用。红砖砌筑的挡水条一样可起到良好的效果，但施工相对麻烦一些。

步骤二　蓄水

使用卫生间内的软管向里面蓄水。第一天闭水试验后，检查墙体与地面，看水位线是否有明显下降，仔细检查四周墙面和地面有无渗漏现象。

第二天闭水试验完毕，全面检查楼下天花板和屋顶管道周边。联系楼下业主，从楼下观察是否有水渗出。

水位不可超过挡水条的高度，以防止水漫出，水的深度保持在 5~20cm，并做好水位标记。闭水试验的时间为 24~48h，这是保证卫生间防水工程质量的关键。

像图中一样，管道根部周围的顶面渗水，则说明防水失败。

3.6 水路常用设备安装

3.6.1 地漏安装

步骤一　安装前的准备

安装之前，检查排水管直径，选择适合尺寸的产品型号。铺地砖前，用水冲刷下水管道，确认管道畅通。

步骤二　切割瓷砖

切割瓷砖时要注意地漏的位置和尺寸。

摆好地漏，确定其准确的位置。

根据地漏的位置开始画线，确定切割的具体尺寸（尺寸务必精确）。

切割瓷砖。

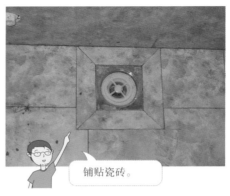

铺贴瓷砖。

步骤三　涂抹建筑胶

以下水管为中心，将地漏主体扣压在管道口，用水泥或建筑胶密封好。地漏上平面低于地砖表面 3~5mm 为宜。

涂抹建筑胶

步骤四　安装防臭芯

将防臭芯塞进地漏体，按紧密封，盖上地漏箅子。

安装防臭芯

步骤五　排水试验

地漏全部安装完毕后，先检查卫生间内的排水坡度，然后再倒入适量水，看排水是否通畅。

3.6.2 水龙头安装

步骤一　连接软管

检查水龙头及配件是否齐全。将水龙头软管伸入水龙头安装口，用手拧紧（也可先安装一根，水龙头固定到位后，再安装另一根）。试着拉一下，看是否连接牢固。

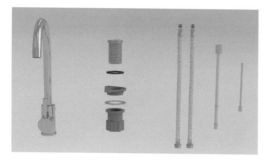

核对配件

连接软管

步骤二　连接固定螺杆

连接水龙头上的固定螺杆。并将水龙头插入水槽面板或台盆的水龙头孔中。

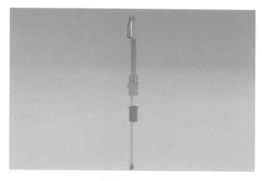

连接固定螺杆

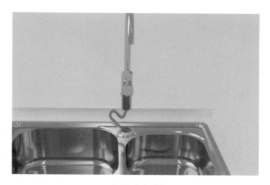

水龙头归位

步骤三　安装锁紧螺帽

将橡胶垫圈、底胶、金属垫片等零部件依次套入固定螺杆中，安装锁紧螺帽，对正后，用手将其拧紧即可。若前面仅安装了一条软管，此时可将另一条软管连接到水龙头上。

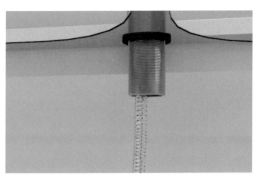
安装橡胶垫圈

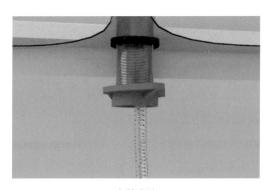
安装底胶

安装金属垫片

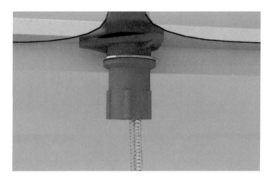
安装锁紧螺帽

步骤四　连接软管与供水口

将软管与供水口连接起来。

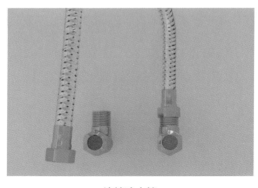
连接冷水管

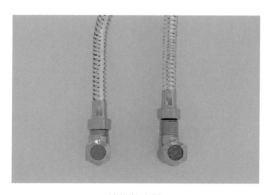
连接热水管

步骤五　检查

安装完毕后检查。首先仔细查看出水口的方向，标准的水龙头出水是垂直向下的，如果发现水龙头有倾斜的现象，应及时调节、纠正。

3.6.3 水槽安装

步骤一　台面开孔

核对台面上预留的水槽孔尺寸是否正确。在订购台面时需告知台面供应商所选水槽的尺寸，以避免返工。

台面开孔

步骤二　安装水龙头

先组装水龙头，再安装水龙头和进水管。

安装水龙头

步骤三　安装水槽

将水槽拆封，并仔细检查是否有损坏，然后将水槽嵌入石材台面的孔洞中。

安装水槽

步骤四　安装溢水孔下水管

溢水孔是避免水盆向外溢水的保护孔，因此，在安装溢水孔下水管的时候，要特别注意其与槽孔连接处的密封性，确保溢水孔的下水管自身不漏水，可以用玻璃胶进行密封加固。

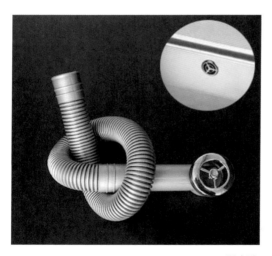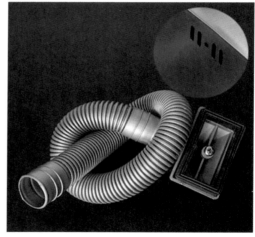

溢水孔下水管管件

步骤五　安装过滤篮下水管

在安装过滤篮下水管时，要注意下水管和槽体之间的衔接，不仅要牢固，而且应该密封。这是水槽经常出问题的关键部位，最好谨慎处理。

步骤六　安装整体下水管

有时业主购买了有两个过滤篮的水槽，两个下水管之间的距离有近有远。安装时，应根据实际情况对配套的排水管进行切割。

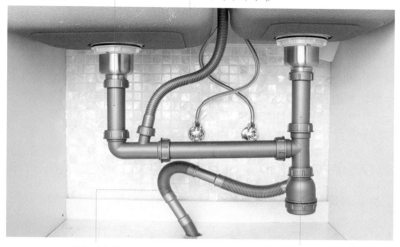

过滤篮下水管　　　　　　溢水孔下水管

整体下水管　　　　　　　　　过滤篮下水管

安装下水管

步骤七　排水试验

将水槽放满水，同时测试两个过滤篮下水管和溢水孔下水管的排水情况。发现哪里渗水再紧固锁紧螺帽或进行打胶处理。

步骤八　封边

做完排水试验，确认没有问题后，对水槽进行封边。封边采用玻璃胶，要保证水槽与台面连接缝隙均匀，不能有渗水现象。

排水试验

封边

3.6.4 洗面盆的安装

（1）台上盆的安装

步骤一　台面开孔

将台上盆安装开孔图沿切割线剪下，并与台上盆实物尺寸复核。将开孔图复制在台面上，用笔在要切割的台面上描好开孔线。而后对台面进行开孔。

步骤二　画线

将台上盆放入台面的切割孔内，校正位置，并用铅笔沿台盆外边缘在台面上画出轮廓线。

步骤三　安装配件

取下台上盆，按照要求先安装好水龙头和下水器。

安装水龙头

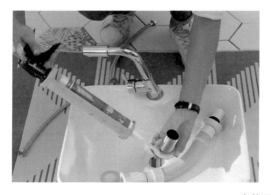

安装下水器

步骤四　打胶

　　将玻璃胶均匀地抹在台上盆边缘线与切割边之间的台面上，进行密封处理，这样就可以固定台上盆，也是为了防止接触面出现渗水现象。

在台上盆底部打胶

步骤五　安装台上盆

①将台上盆安装在台面上，并检查其位置是否精确，然后将台上盆压平。

台上盆就位　　　　　　　　　　　轻压台上盆

②在台上盆与台面的接触部分打上一圈玻璃胶。

边缘打胶

步骤六　连接进水管件与排水管件

待玻璃胶干后，连接进水管件与排水管件，在连接进水管件时，应先向管道内注水3~5min，以清洗管道，防止管道内的砂粒等杂物堵塞角阀和龙头出水口，记住一定要待玻璃胶干透后才能使用，而玻璃胶干透一般在 24h 之后。

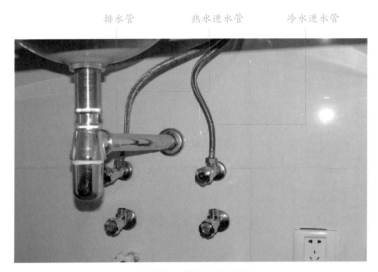

连接进水管件与排水管件

（2）台下盆的安装

步骤一　台面开孔

在切割图上把面盆的图纸截下。将切割图的轮廓描绘在台面上，按照画线切割面盆的安装孔，并进行打磨。按照安装的水龙头和台面尺寸来正确打水龙头安装孔。

台面开孔

步骤二 打胶、静置

将玻璃胶均匀地抹在台下盆四周，贴合在台面上，静置48h。

在台下盆底四周打胶

步骤三 安装支架

将支架固定在墙面上。

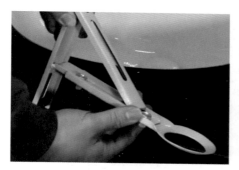

检查支架   **将支架就位**

在安装螺钉处做标记   **打孔**

安装膨胀螺栓

固定螺母

步骤四　安装水龙头

将水龙头安装在台面上，分别连接上冷、热水管。

安装水龙头

步骤五　安装下水器及排水管

将下水器和排水管安装在台下盆上，而后连接到排水管路上。安装完成后，对其进行排水测试。

安装下水器

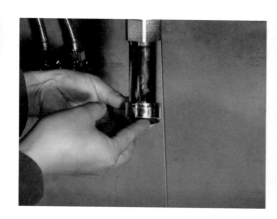

安装排水管

（3）柱盆的安装

步骤一　校正水平

①将盆放在立柱上，挪动盆与柱使两者接触面吻合，移动整体至安装位置。将水平尺放在盆上，校正面盆的水平位置。

②盆的下水口与墙上出水口的位置应对应，若有差距应移动盆和立柱（移动盆和支柱后，应再次校正面盆的水平位置）。

步骤二　安装固定件及龙头

①在墙和地面上分别标记出盆和立柱的安装孔位置，而后将盆和立柱移开。

②按提供的螺钉大小在墙壁和地面上的标记处钻孔（所钻孔的孔径和深度要足够安装螺杆）。

③塞入膨胀管，将螺杆分别固定在地面和墙上，地面的螺杆外露约 25mm，墙上的螺杆露出墙面的长度按产品安装要求。

④按照安装说明书的步骤，安装水龙头和排水组件。

步骤三　固定立柱盆

将立柱固定在地面上。

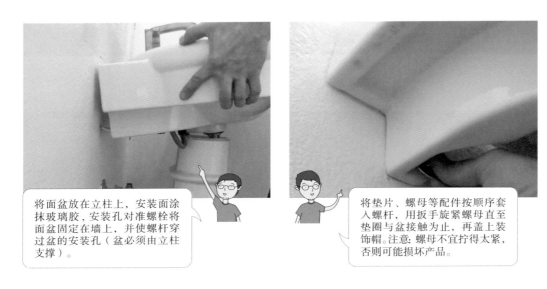

将面盆放在立柱上，安装面涂抹玻璃胶，安装孔对准螺栓将面盆固定在墙上，并使螺杆穿过盆的安装孔（盆必须由立柱支撑）。

将垫片、螺母等配件按顺序套入螺杆，用扳手旋紧螺母直至垫圈与盆接触为止，再盖上装饰帽。注意：螺母不宜拧得太紧，否则可能损坏产品。

步骤四　连接水管、涂胶

连接供水管和排水管。在立柱与地面接触的边缘、立柱与面盆接触的边缘涂上玻璃胶。进行排水测试，无异常后可投入使用。

立柱与地面接触边缘涂胶

3.6.5 坐便器安装

步骤一　裁切下水道口

先检查、确认坑距，再根据坐便器的尺寸，把多余的下水口管道裁切掉，一定要保证排污管高出地面 10mm 左右。

确认墙面到排污孔中心的距离，确定其与坐便器的坑距一致。

将安装位置周围清理干净，保证无灰尘、无污物。

步骤二　确认位置、画线

剪裁好排污管后，让坐便器上的孔与地面的排污管对齐，并画出坐便器的位置。

将坐便器挪动到安装位置，将排污口与地面上的排污孔对齐，在地面上画出坐便器的安装位置。

沿着所画线的内侧打密封胶，注意胶不能超出线外。

步骤三　安装进水管和法兰

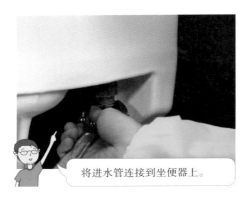

将进水管连接到坐便器上。

将法兰安装在坐便器排污口上，用力按压，使其牢固。

步骤四　坐便器就位

挪动坐便器至打好密封胶的位置上，注意法兰应对准地面上的排污管。微调一下，让坐便器平整、端正，而后稍微用力按压一下，使其稳固。

挪动坐便器使其就位，并稍微用力按压

步骤五　涂抹密封胶

坐便器与地面接触处，再次涂抹一遍密封胶，而后将多余的胶擦除。涂胶的目的是把卫生间局部积水挡在坐便器的外围。

涂胶

步骤六　连接进水管

先检查自来水管，放水 3~5min 冲洗管道，以保证自来水管的清洁。不论是安装前还是安装后，都需要检查好水管是否漏水。

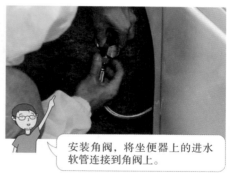

安装角阀，将坐便器上的进水软管连接到角阀上。

接通水源，检查进水阀进水及密封是否正常。

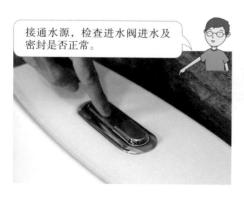

检查进水阀是否灵活、有无卡阻及渗漏，检查有无漏装进水阀过滤装置。

3.6.6 智能坐便盖安装

步骤一 核对尺寸及配件

①核对坐便盖的尺寸，包括长度、宽度、孔距等，避免与坐便器的尺寸不符。坐便器附近应安装带接地的三孔插座，规格应不小于 220V/10A，距离地面应大于 50cm。

②根据说明书核对智能坐便盖的零部件是否齐全。

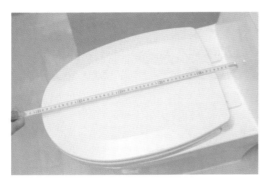

核对尺寸

步骤二 安装智能坐便盖

①将膨胀螺母插入坐便器上的固定孔中。

安装膨胀螺母

②安装固定板。将固定板放在坐便器的固定孔上方，居中放置，根据坐便器的长度调节前后位置，放入调节片。然后放入固定螺钉，确定好安装位置后，拧紧螺钉。

安装固定面板

③将坐便盖的后方中点与固定板的中间位置对齐，轻轻推入，使其就位，然后用手拉拽一下，看是否安装牢固。

安装智能坐便盖

步骤三　安装三通阀

①关闭进水阀，拆除进水管。

②将三通阀连接到进水阀上，然后将进水管连接到三通阀上拧紧。

③将过滤棒拧到三通阀的剩余端口上，打开角阀，通水冲洗进水软管。冲洗完毕后，将软管与智能坐便盖连接并拧紧。打开进水阀，确认连接部位无渗水情况。

④安装完成后，连接电源插座。

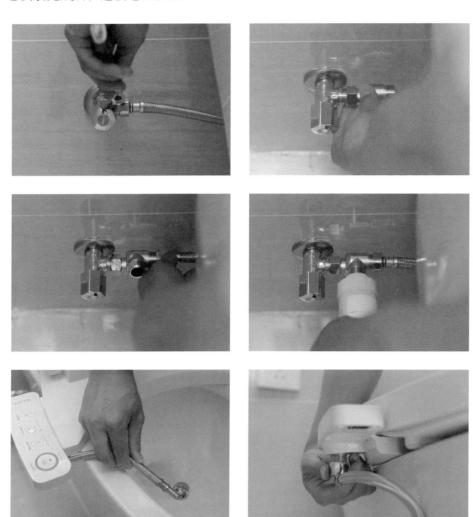

安装三通阀

步骤四 使用测试

将产品包装袋垫在坐圈下方，按下电源插头上的漏电保护器复位键，等待一分钟左右，分别点击面板上的不同按键，查看所有功能是否正常。

3.6.7 浴缸安装

（1）嵌入式浴缸的安装

步骤一　规划安装位置

提前规划好浴缸的安装位置，并预留好排水口。

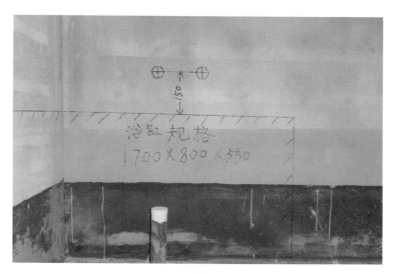

预留排水口

步骤二　砌筑裙边

①根据所选浴缸的尺寸，用砖将支撑墙砌筑出来，注意在排水管附近留好检修孔。嵌入式浴缸的台面及侧面可以使用相同风格的饰面砖，如马赛克、人造石、大理石等。设计风格应与浴室的装饰风格相统一。

②裙边砌筑完成后，内部及边沿部位需先做好防水处理。

砌筑支撑墙

预留检修孔

步骤三　组装浴缸

①将浴缸的调节腿安装在底部，根据支撑墙的高度，调节好腿的高度。

②将溢流口和排水口等配套的排水配件安装到浴缸上，使其固定牢固。

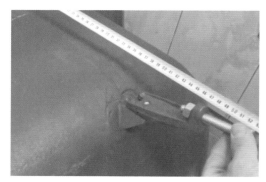

组装浴缸

步骤四　安装浴缸

①将浴缸放入支撑墙内，同时用水平仪辅助安装，保证其水平度，不得倾斜。

②检查地面的排水孔位置是否恰当，若没有问题，将排水管放入地面排水口中，多余的缝隙用密封胶填充。

③安装浴缸所配套的水龙头、花洒和堵头。

安装浴缸

步骤五　排水试验、打胶

①进行排水试验，查看有无渗漏情况，若无渗漏可将检修孔覆盖住。

②将浴缸上侧与墙壁之间的接缝处，用密封胶进行密封。

（2）独立式浴缸的安装

步骤一 调节浴缸水平

①测量进水口的高度、排水口的距离，检查其是否与浴缸相符。

②将浴缸放置到预装的位置，调节浴缸支脚，使浴缸平稳，调节过程中可随时用水平尺检查水平度。

水平尺测量水平度

步骤二 连接排水管

将浴缸上的排水管拉开，塞进地面预留的排水口内，用胶对多余的缝隙进行密封。

排水管放入排水口内

调节底座使其水平

用玻璃胶密封

步骤三 对接管路与角阀

①对接软管与墙面预留的冷、热水管的管道及角阀，用扳手拧紧。

②打开控水角阀，检查有无漏水情况。

连接进水软管

打开角阀检查有无漏水情况

步骤四　安装配件

安装手持花洒和堵头。

安装手持花洒

安装堵头

步骤五　测试性能、打胶

①测试浴缸的各项性能，没有问题后将浴缸放到预装位置，靠紧墙面。

②将浴缸靠墙摆放，用胶对浴缸与墙面之间的缝隙进行密封。

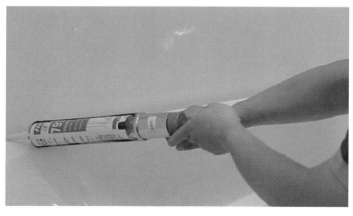

打胶密封

3.6.8 淋浴花洒安装

步骤一 取下堵头

关闭总阀门,将墙面上预留的冷、热进水管的堵头取下,打开阀门,放出水管内的污水。

步骤二 安装阀门

①将冷、热水阀门对应的弯头涂抹上铅油,缠上生料带,与墙上预留的冷、热水管头对接,用扳手拧紧。

②将淋浴花洒阀门上的冷、热进水口与已经安装在墙面上的弯头试接。若接口吻合,把弯头的装饰盖安装在弯头上并拧紧,再将淋浴花洒阀门与墙面的弯头对齐后拧紧,扳动阀门,测试安装是否正确。

取下冷、热水管堵头

安装冷、热水阀门

步骤三 打孔

①将组装好的淋浴花洒连接杆放置到阀门预留的接口上,使其垂直直立。

②将连接杆的墙面固定件放在连接杆上部的合适位置上,用铅笔标注出将要安装螺栓的位置,在墙上的标记处用冲击钻打孔,安装膨胀塞。

安装淋浴器连接杆

冲击钻打孔

步骤四 安装固定件

将固定件上的孔与墙面打的孔对齐，用螺丝固定住，将淋浴花洒连接杆的下方在阀门上拧紧，上部卡进已经安装在墙面上的固定件上。

步骤五 安装喷淋头与手持花洒

①在弯管的管口缠上生料带，固定喷淋头。

②安装手持喷淋头以及连接软管。

安装固定件

安装手持喷淋头

步骤六 放出给水管水流中的杂质

安装完毕后，拆下起泡器、花洒等易堵塞配件，让水流出，将水管中的杂质完全清除后再装回。

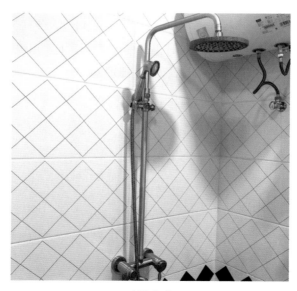

安装完成

4

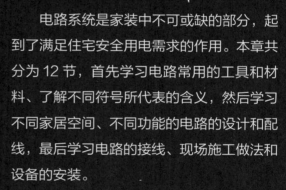

电路系统

　　电路系统是家装中不可或缺的部分，起到了满足住宅安全用电需求的作用。本章共分为 12 节，首先学习电路常用的工具和材料、了解不同符号所代表的含义，然后学习不同家居空间、不同功能的电路的设计和配线，最后学习电路的接线、现场施工做法和设备的安装。

　　合理的电路设计是电路系统安全运行的基础，电路的接线、现场施工和设备的安装是电路设计落地的关键步骤，规范的施工和安装也是安全用电的保障。

4.1 电路常用工具及材料

4.1.1 电路常用工具

（1）测电笔

测电笔，简称电笔，用来测试导线中是否带电，包括数显测电笔和氖气测电笔两种类型。

轻触感应、断点测量按钮，测电笔金属前端靠近被检测物，若显示屏出现高压符号，表示物体带交流电。在测量直流电时，可用手按住电池的一端，然后按住直接键，笔尖碰触电池的另一端。屏幕灯亮则表示电量充足，灯不亮则表示电量不足或没电

氖气测电笔的笔尖、笔尾用金属材料制成，笔杆用绝缘材料制成。笔体中有一个氖泡，测试时如果氖泡发光，说明导线有电或为通路的火线

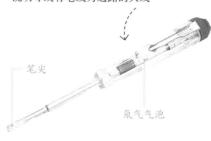

显示屏
笔尖
直接键
感应、断点测量键

数显测电笔

笔尖
氖气气泡

氖气测电笔

（2）电烙铁

电烙铁用于焊接电器元件或导线。在水电施工过程中，电烙铁用于焊接两根导线的接线端，焊牢之后使得导线接头更紧密，避免导线接头电阻过大而发热出现烧毁等情况，从而延长导线的使用寿命。

电烙铁达到设定温度后，指示灯会闪烁，此时可以给电烙铁加锡。每次使用后，要给烙铁头加上锡，然后放在烙铁架上

焊接时应掌控好温度，当在电烙铁上加的松香冒出轻柔的白烟又没有"吱吱"的响声时使用效果最佳

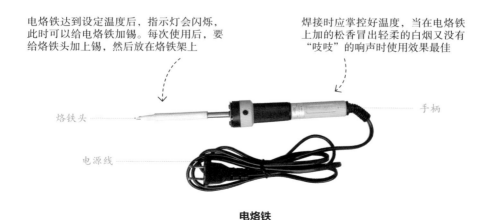

烙铁头
手柄
电源线

电烙铁

（3）螺丝刀

螺丝刀是用来拧转螺钉迫使其就位的工具，通常有一个薄楔形头，可插入螺钉钉头的槽缝或凹口内。

按照造型来分，常见的螺丝刀有直形、T形和L形等，头部有一字、十字、米字、梅花形及六角形（包括内六角和外六角）等。使用时，根据螺钉上的槽口选择适合的种类。除了手动的款式，现在还有电动螺丝刀，使用起来更省力。

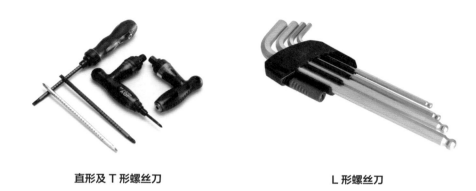

直形及 T 形螺丝刀   **L 形螺丝刀**

（4）钳子

钳子是一种用于夹持、固定加工工件或者扭转、弯曲、剪断金属丝线的手工工具。钳子的外形呈 V 形，通常包括手柄、钳腮和钳嘴三个部分。电工所用的钳子除了常用的一些款式，还包括剥线钳和网线钳等类型。

常用的一些钳子   **剥线钳**   **网线钳**

（5）电工刀

电工刀是电工常用的一种切削工具，用来削切导线。普通的电工刀由刀片、刀刃、刀把以及刀挂等构成。不用时，刀片可收缩到刀把内。

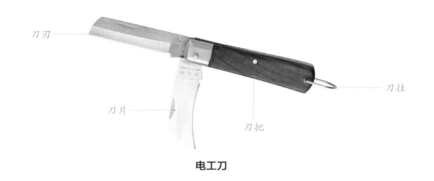

刀刃

刀挂

刀片

刀把

电工刀

（6）手电钻

手电钻有插电款和充电款两种，是以电作为动力的钻孔工具。根据钻孔材料的不同，可选用麻花钻头、开孔器、木钻头、玻璃钻头等。

手电钻用电机带动传动齿轮来提供钻头旋转的动力，使钻头以刮削的形式前进，因此有"能钻不能冲"的特点，一般可用于在金属、塑料上钻孔，在水泥和砖墙上钻孔的话，极易造成电机过载乃至烧毁。

钻夹头　　　　　　　　散热口

正反转开关

调速旋钮

电源开关

电源锁定开关

钻夹头

正反转开关

散热口

无级变速开关

挡位调节

电量显示灯

电池

插电款手电钻　　　　　　　　充电款手电钻

（7）万用表

万用表是测量仪表，通常用来测量电压、电流和电阻。在家庭中主要用来检测开关、线路以及检验绝缘性能是否正常，可分为指针万用表、数字万用表和钳形万用表。

指针万用表

指针万用表的刻度盘上共有七条刻度线，从上向下分别是电阻刻度线、电压电流刻度线、10V 电压刻度线、晶体管 β 值刻度线、电容刻度线、电感刻度线及电平刻度线。

交流电压的测量：开关旋转到交流电压挡位，把万用表并联在被测电路中。若不知被测电压的大概数值，需将开关旋转至交流电压最高量程上，进行试测，然后根据情况调挡

直流电压的测量：进行机械调零，选择直流量程挡位。将万用表串联在被测电路中，注意正负极，测量时断开被测支路，将万用表红、黑表笔串接在被断开的两点之间

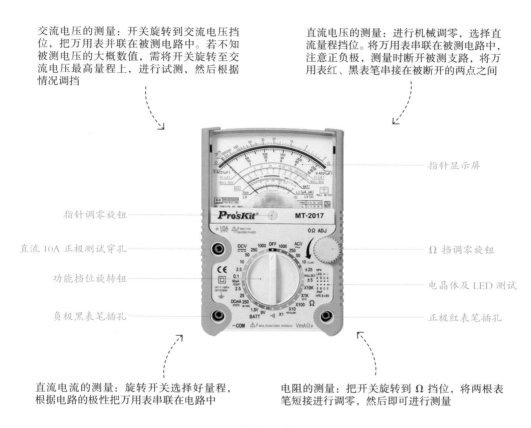

指针调零旋钮

直流 10A 正极测试穿孔

功能挡位旋转钮

负极黑表笔插孔

指针显示屏

Ω 挡调零旋钮

电晶体及 LED 测试

正极红表笔插孔

直流电流的测量：旋转开关选择好量程，根据电路的极性把万用表串联在电路中

电阻的测量：把开关旋转到 Ω 挡位，将两根表笔短接进行调零，然后即可进行测量

指针万用表

数字万用表

数字万用表的数值读取比较简单，选择相应的量程后，显示屏上的数字即为测量的结果。

钳形万用表

钳形万用表，是集电流互感器与电流表于一体的仪表，是一种不需断开电路就可直接测电路交流电流的便携式仪表。

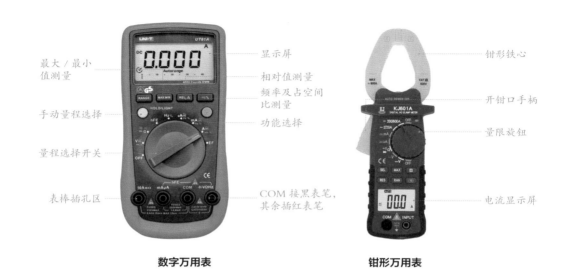

最大／最小值测量

显示屏

相对值测量

频率及占空间比测量

手动量程选择

功能选择

量程选择开关

表棒插孔区

COM 接黑表笔，其余插红表笔

钳形铁心

开钳口手柄

量限旋钮

电流显示屏

数字万用表　　　　　　　　　　**钳形万用表**

（8）兆欧表

兆欧表又称摇表，主要用来检查电器设备的绝缘电阻，判断设备或线路有无漏电现象，判断是否有绝缘损坏或短路现象。

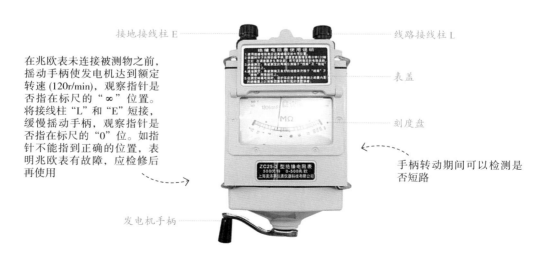

在兆欧表未连接被测物之前，摇动手柄使发电机达到额定转速(120r/min)，观察指针是否指在标尺的"∞"位置。将接线柱"L"和"E"短接，缓慢摇动手柄，观察指针是否指在标尺的"0"位。如指针不能指到正确的位置，表明兆欧表有故障，应检修后再使用

接地接线柱 E

线路接线柱 L

表盖

刻度盘

手柄转动期间可以检测是否短路

发电机手柄

兆欧表

4.1.2 电路常用材料

（1）塑铜线

塑铜线就是塑料铜芯导线，全称铜芯聚氯乙烯绝缘导线。按照线的组成划分，一般包括 BV 导线、BVR 软导线、RV 导线、RVS 双绞线、RVB 平行线等类型。

图片	型号	名称	用途
	BV	铜芯聚氯乙烯塑料单股硬线，是由 1 根或 7 根铜丝组成的单芯线	固定线路敷设
	BVR	铜芯聚氯乙烯塑料软线，是由 19 根以上铜丝绞在一起的单芯线，比 BV 导线软	固定线路敷设
	RVVB	铜芯聚氯乙烯硬护套线，由两根或三根 BV 导线用护套套在一起组成	固定线路敷设
	RV	铜芯聚氯乙烯塑料软线，是由 30 根以上的铜丝绞在一起的单芯线，比 BVR 导线更软	灯头或移动设备的引线
	RVV	铜芯聚氯乙烯软护套线，由两根或三根 RV 导线用护套套在一起组成	灯头或移动设备的引线
	RVS	铜芯聚氯乙烯绝缘绞型连接用软导线，两根铜芯软线成对扭绞，无护套	灯头或移动设备的引线
	RVB	铜芯聚氯乙烯平行软线，无护套的平行软线，俗称红黑线	灯头或移动设备的引线

家用塑铜线的种类主要有两种，一种是单股铜芯线（BV），另一种是多股铜芯软线（BVR）。其中 4mm² 以及 4mm² 以下的塑铜线多为单股铜芯线（BV），而 6mm² 以及 10mm² 的塑铜线多为多股铜芯软线（BVR）。具体规格及用途如下表所示。

种类	规格 /mm²	用途
BV、BVR	1.5	照明、插座连接线
	2.5	空调、插座用线
	4	热水器、立式空调用线
	6	中央空调、入户线
	10	入户总线

（2）网络线

网络线是连接电脑网卡和 ADSL 调制解调器或路由器、交换机的电缆线，通常分为 5 类双绞线、超 5 类双绞线和 6 类双绞线，具体特点如下表所示。

图片	名称	作用
	5 类双绞线	表示为 CAT5，带宽 100Mbps，适用于百兆以下的网络
	超 5 类双绞线	表示为 CAT5e，带宽 155Mbps，为目前的主流产品
	6 类双绞线	表示为 CAT6，带宽 250Mbps，用于架设千兆网

（3）电视线

电视线是传输视频信号（VIDEO）的电缆，同时也可作为监控系统的信号传输线。电视分辨率和画面清晰度与电视线有着较为密切的关系，电视线线芯的材质（纯铜或者铜包铝）以及外屏蔽层铜芯的绞数，都会对电视信号产生直接影响。

外护套塑料
屏蔽铝箔
屏蔽网
发泡层
屏蔽网
铜芯

电视线结构

（4）电话线

电话线就是电话的进户线，用于连接固定电话机，分为 2 芯和 4 芯。导体材料分为铜包钢线芯、铜包铝线芯以及全铜线芯三种，具体特点如下表所示。

图片	名称	作用
	铜包钢线芯	线比较硬，不适用于外部扯线，容易断芯。但是可埋在墙里使用，只能近距离使用
	铜包铝线芯	线比较软，容易断芯。可以埋在墙里，也可以在墙外扯线
	全铜线芯	线软，可以埋在墙里，也可以在墙外扯线，可以用于远距离传输

（5）音频线

音频连接线，简称音频线，是用来传输电声信号或数据的线，广义上分为电信号线和光信号线两大类。

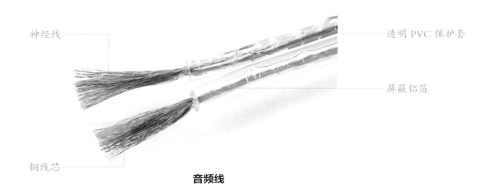

神经线　　　　　　　　　　　　　　透明 PVC 保护套

　　　　　　　　　　　　　　　　　屏蔽铝箔

铜线芯

音频线

（6）光纤

光纤的全称是光导纤维，是一种由玻璃或塑料制成的纤维，可作为光传导工具。因为光纤的传导效率很高，所以在家庭中常作为网络线使用。

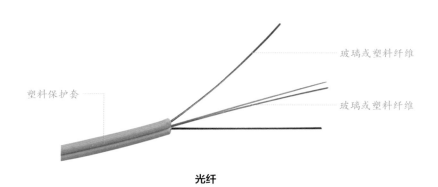

　　　　　　　　　　　　　　　　玻璃或塑料纤维

塑料保护套

　　　　　　　　　　　　　　　　玻璃或塑料纤维

光纤

（7）暗盒

暗装底盒简称暗盒，原料为 PVC，安装时需预埋在墙体中，安装电器的部位与线路分支或导线规格改变时就需要使用安装暗盒。导线在盒中完成穿线后，上面可以安装开关、插座的面板。暗装底盒通常分为三种，具体型号如下表所示。

图片	型号	种类	尺寸
	86 型	单暗盒、双联暗盒	标准尺寸为 86mm×86mm，非标准尺寸有 86mm×90mm、100mm×100mm 等
	118 型	四联盒、三联盒、单盒	标准尺寸为 118mm×74mm，非标准尺寸有 118mm×70mm、118mm×76mm 等。另外还有 156mm×74mm、200mm×74mm 等多位联体款
	120 型	大方盒、小方盒	标准尺寸为 120mm×74mm，还有 120mm×120mm 等尺寸

（8）穿线管

穿线管全称"建筑用绝缘电工套管"。它是一种硬质的 PVC 胶管，有白色、蓝色、红色等，用电线穿过后再进行暗埋敷设，其主要作用是保护电缆、电线。PVC 电工穿线管的常用规格如下表所示。

穿线管

规格（ φ 代表直径 ）	用途
φ16、φ20	室内照明
φ25	插座或室内主线
φ32	入户线
φ40、φ50、φ63、φ75	室外配导线至入户的管线

（9）穿线管配件

穿线管的常用配件类型如下表所示。

图片	名称	作用
	司令盒	连接件，直插连接来自三个或四个方向的穿线管，带有盒盖，分三通和四通两种类型
	三通	连接件，用于胶暗箱和八角灯头箱与穿线管之间的连接
	直接	连接件，用于穿线管之间的直向连接
	大弧弯	连接件，用于穿线管之间的连接，通过转弯可改变线路的方向，转角弧度较大
	锁扣	连接件，用于接线盒与穿线管之间的连接
	弯头	连接件，用于穿线管之间的连接，通过转弯可改变线路的方向，转角弧度较小，多为90°弯头

图片	名称	作用
	过桥弯	连接件，用于穿线管之间的连接，通过转弯可改变线路的方向，弧度可调节
	管卡	也叫管箍，起到固定单根或多根 PVC 电线套管的作用

（10）空气开关

空气开关，又名空气断路器，是断路器的一种，是一种只要电路中电流超过额定电流就会自动断开的开关。空气开关是低压配电网络和电力拖动系统中非常重要的一种电器，它集控制和多种保护功能于一体。根据功能的不同，空气开关可分为普通空气开关和漏电保护器两类，具体特点如下表所示。

图片	名称	作用
	普通空气开关	又名空气断路器。当电路中电流超过额定电流时，就会自动断开。空气开关是家庭用电系统中非常重要的一种电器，它集控制和多种保护功能于一体
	漏电保护器	漏电保护器在检测到电器漏电时，会自动跳闸。在水多的房间，例如厨房、卫生间，最容易发生漏电，这条电路上就应该安装漏电保护器。如果热水器单独用一个空开，一定要安装漏电保护器

4
电路系统

（11）插座

插座是每个家庭装修时的必备材料之一，需与暗盒配套使用。插座应选择与线盒型号相匹配的型号，其常用类型如下表所示。

图片	名称	作用
	x 孔插座	家装常用的 x 孔插座可分为三孔插座、四孔插座和五孔插座三种，每种插座又分不同的额定电流，根据使用电器的功率挑选合适的型号即可
	插座带开关	插座上同时带有控制插座的开关，例如，三孔插座带开关，插座用来安插电器电源，而开关可以控制电路的开启或关闭，常用的电器就不用经常插拔电源，使用开关即可
	多功能插座	此类插座除了可以插接电器，还带有 USB 等其他功能的接口，可直接为手机或平板电脑等电子设备充电
	电视插座	是有线电视系统输出口。串接式电视插座适合接普通有线电视信号；宽频电视插座既可接有线电视又可接数字电视；双路电视插座可以接两个电视信号线
	网络插座	用来接通网络信号的插头，可以直接将电脑等设备与网络连接，在家庭中较为常用
	电视、网络二位插座	可同时连接有线电视和网络信号的两用插座

图片	名称	作用
	地面插座	一种用于地面安装的插座，有一个带弹簧的盖子，打开盖子时插座面板会弹出来，不使用时盖子关闭，可以将插座面板隐藏起来，与地面平齐。地面插座的种类包括 x 孔插座，也包括信号插座
	音响插座	用来接通音响设备，包括一位音响插座和二位音响插座。前者又名 2 端子音响插座、2 头音响插座，用于接音响；后者又名 4 端子音响插座、4 头音响插座，用于接功放

（12）开关

开关也是家装工程中的必备材料之一，同样需配暗盒使用，常用开关的类型如下表所示。

图片	名称	作用
	单控翘板开关	单控开关在家庭电路中是最常见的，也就是一个开关控制一件或多件电器，根据所控制电器的数量又可以分为单控单联、单控双联、单控三联、单控四联等多种形式
	双控翘板开关	双控开关可以与另一个双控开关共同控制一个电器。双控开关在家庭电路中也比较常见，根据所控制电器的数量还可以分双联单开、双联双开等多种形式
	调光开关	调光开关的功能很多，有些调光开关不仅可以控制灯的亮度以及开启、关闭的方式，而且还可以随意改变光源的照射方向

4
电路系统

图片	名称	作用
	调速开关	调速开关，主要是靠电感性负载来实现的。一般调速开关是配合电扇使用的，可以通过安装调速开关来改变电扇的转速，适合配合吊扇使用
	延时开关	延时开关，即在按下开关后，此开关所控制的电器并不马上停止工作，而是等一会儿才彻底停止，非常适用于控制卫生间的排风扇
	定时开关	定时开关就是设定多长时间后关闭电源，它就会在多长时间后自动关闭电源的开关，相对于延时开关，定时开关能够提供更长的控制时间范围以便于用户根据情况来进行设定
	红外线感应开关	用红外线技术控制灯的开关，当人进入开关感应范围内时，开关会自动接通负载，离开后，开关就会延时自动关闭负载，适用于阳台或者儿童房
	转换开关	通过按下的次数来控制不同的灯开启的开关，在家庭中很少使用，但非常实用，例如，客厅灯很多，按动一下打开一半，再按一下才会打开全部
	触摸开关	触摸开关是一种电子开关，使用时轻轻点按开关按钮就可使开关接通，再次触碰时会切断电源，它是靠其内部结构的金属弹片受力弹动来实现通断电的

（13）膨胀螺栓

膨胀螺栓是将管路支/吊/托架或设备固定在墙上、楼板上、柱上所用的一种特殊螺纹连接件。膨胀螺栓由沉头螺栓、胀管、平垫圈、弹簧垫和六角螺母组成。常见的材质有镀锌铁和不锈钢两类，规格如下表所示。

先用冲击电钻（锤）在固定体上钻出相应尺寸的孔，再把螺栓、胀管装入孔中，旋紧螺母即可使螺栓、胀管、安装件与固定体之间胀紧成为一体

镀锌铁膨胀螺栓　　　　　　　　　不锈钢膨胀螺栓

螺纹规格	螺栓长度 /mm	胀管		钻孔	
		外径 /mm	长度 /mm	直径 /mm	深度 /mm
M6	65、75、85	10	35	10.5	40
M8	80、90、100	12	45	12.5	50
M10	95、110、125、130	14	55	14.5	60
M12	110、130、150、200	18	65	19	75
M16	150、170、200、250、300	22	90	23	100

（14）焊锡膏

焊锡膏也叫锡膏，膏体为灰色，是一种新型焊接材料，由焊锡粉、助焊剂以及其他表面活性剂、触变剂等加以混合形成，可完全替代焊丝。

膏体为灰色，是焊接材料，不是助焊剂。使用前将锡膏回温到使用环境温度（25℃±2℃），回温时间3~4h，温度恢复后须充分搅拌后方可使用

保存锡膏的适宜温度是0~10℃，未开封的锡膏使用期限为6个月，存放时不可放置于阳光照射处

焊锡膏

（15）绝缘胶布

绝缘胶布也叫作绝缘胶带或电工胶布，指电工使用的用于防止漏电、起绝缘作用的胶带。主要用于380V电压以下使用的导线的包扎、接头、绝缘密封等电工作业。具有良好的绝缘耐压、阻燃、耐候等特性，适用于电线接驳、绝缘防护。家装常用的有PVC电工胶布和黑色醋酸布胶带两种类型，具体特点如下表所示。

图片	名称	特点
	PVC电工胶布	具有绝缘、阻燃和防水三种功能，但由于它是PVC材质，所以延展性较差，不能把接头包裹得很严密，防水性不是很理想，但它已经被广泛应用
	黑色醋酸布胶带	质地柔软、绝缘、耐高温、耐溶剂、抗老化、性能稳定

4.2 电路设计

4.2.1 负荷计算

（1）一般家装负荷的计算

随着电器的频繁更新和产出，家庭中所需要使用的电器也越来越多了，像空调、洗衣机、吸尘器、电热水器、电磁炉、电烤箱等都是家中常见的电器，若是同时使用，其瞬时电量可能会过高，电量过载导致跳闸，为了消除未来用电的隐患，在电路设计时就势必要考虑电荷载的问题了。

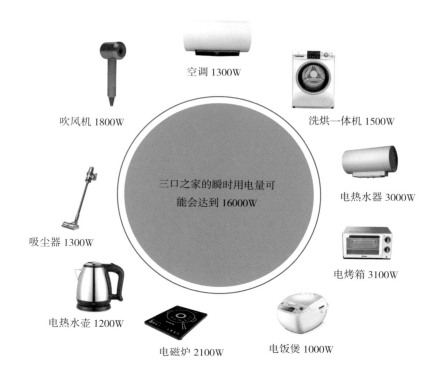

吹风机 1800W

空调 1300W

洗烘一体机 1500W

电热水器 3000W

三口之家的瞬时用电量可能会达到16000W

电烤箱 3100W

吸尘器 1300W

电热水壶 1200W

电磁炉 2100W

电饭煲 1000W

　　家装的用电负荷计算与各分支线路的负荷类型密切相关。线路负荷的类型不同，其负荷电流的计算方法也就不同。线路负荷一般分为纯电阻性负荷和感性负荷两类。像白炽灯、电加热器等均采用纯电阻性负荷的计算公式，而电视机、洗衣机等则按照感性负荷的公式进行计算。

家装中常见的负荷计算方法		
负荷类型	**计算公式**	**符号含义**
纯电阻性负荷 （如白炽灯、电加热器等）	$I = \dfrac{U}{R}$	I——通过负荷的电流，A； R——负荷电阻，Ω； U——电源电压，V
感性负荷 （如荧光灯、电视机、洗衣机等）	$I = \dfrac{P}{U\cos\phi}$	I——通过负荷的电流，A； U——电源电压，V； P——负荷的功率，W； $\cos\phi$——功率因数
注：公式中的 P 是指整个用电器具的负荷功率，而不是其中某一部分的负荷功率。例如，荧光灯的负荷功率等于灯管的额定功率与镇流器消耗率之和；洗衣机的负荷功率等于整个洗衣机的输入功率，而不仅指洗衣机电动机的输出功率。		

4
电路系统

各种荧光灯的耗电量、额定电流及功率因数					
灯管型号	灯管耗电量 /W	镇流器耗电量 /W	总耗电量 /W	额定电流 /A	功率因数 cos ϕ	寿命 /h
YZ6RR	6	4	10	0.14	0.33	≥ 2000
YZ8RR	8	4	12	0.15	0.36	≥ 2000
YZ15RR	15	7.5	22.5	0.33	0.31	≥ 5000
YZ20RR	20	8	28	0.35	0.36	≥ 5000
YZ30RR	30	8	38	0.36	0.48	≥ 5000
YZ40RR	40	8	48	0.41	0.53	≥ 5000

注：电子镇流器功耗一般在 4W 以下，功率因数在 0.9 以上，选用荧光灯时尽量选用电子镇流器荧光灯。

常用家用电器的耗电量、额定电流及功率因数			
电器名称	功率 /W	额定电流 /A	功率因数 cos ϕ
电视机	200	1	0.9
电冰箱	60~130	0.3~0.8	0.7~0.9
洗衣机	1500~2000	6.8~10	0.8~0.9
洗碗机	1200~2400	5.45~10.9	1
电热毯	60~150	0.27~0.68	1
电吹风机	600~2000	2.7~9.1	1
电热水壶	1200~2000	8.2~10	0.7~0.9
电烤箱	1200~3200	5.45~14.54	1
电饭煲	500~1200	2.27~5.45	1

常用家用电器的耗电量、额定电流及功率因数			
电器名称	功率 /W	额定电流 /A	功率因数 cos φ
微波炉	600~1300	2.78~6.03	0.98
电磁炉（单头）	1900~2200	10.79~12.5	0.8
家用电风扇	30~70	0.15~0.35	0.9
电热水器	3000~6000	13.64~27.27	1
音响设备	150~200	0.85~1.14	0.7~0.9
吸尘器	1000~2500	4.83~12.1	0.94
抽油烟机	120~200	0.6~1.0	0.9
多合一浴霸	1500~2800	6.8~12.7	1
空调	1500~5000	9.74~25.2	0.7~0.9

（2）总负荷电流的计算

住宅用电负荷计算，可以为设计住宅电路提供依据，也可以验算已安装的电器设备规格是否符合安全要求。这其中，总负荷电流的计算尤为重要，需要注意的是住宅用电总负荷电流不等于所有用电设备的电流之和，而应该考虑这些用电设备的同期使用率（或称同期系数）。

总负荷电流可以按照以下公式进行计算：

总负荷电流 = 用电量最大的一台（或两台）家用电器的额定电流 + 其余用电设备的额定电流之和 × 同期系数

同时，为了确保用电安全可靠，电器设备的额定工作电流应大于总负荷电流的1.5倍，住宅导线和开关、插座的额定电流一般宜取总负荷电流的2倍。计算住宅用电负荷必须考虑家庭用电负荷的发展裕量。

4

电路系统

4.2.2 电路设计原则

（1）科学的设计原则

考虑到目前用户的家用电器较多，厨房、卫生间内的电器及空调的用电量都较大，因此根据不同家用电器的数量，结合使用环境，将室内配电设计分为多个支路，常见的有 6 个，即照明支路、插座支路、厨房支路、卫生间支路、空调支路及电地暖支路。

在进行配电设计时，也要遵循科学原则，对配电箱的安装位置及内部部件线路的连接方式等进行规划。配电箱是用来安装空气开关的盒子，通常是金属做的灰盒子。配电箱需要重点考虑的是其尺寸。配电箱的尺寸单位是回路（也叫位），每一位能放下一个 1P 空气开关，常见有 4~36 位的配电箱，位越多，配电箱越大，能放下的空气开关也就越多，设计时要选择和配电设计匹配的配电箱。

配电箱主要用来进行用电量的计算和过电流保护，同时其安装环境和安装高度均应根据家庭配套线路的设计原则进行。

基础版配电设计

最普通的配电箱，要用到 10 位以上的配电箱。

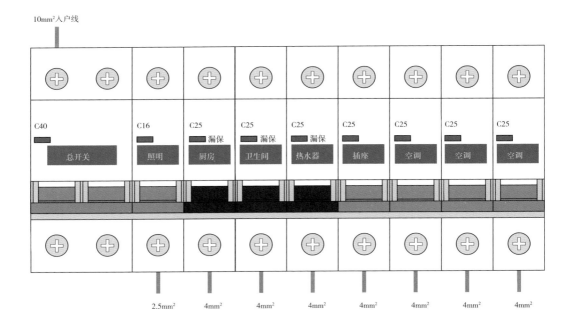

豪华版配电设计

豪华版和基本版的主要区别在于细分出了更多专用电器的回路，大约需要 20 位的配电箱。配电的豪华与否，取决于家庭对电器的需求。

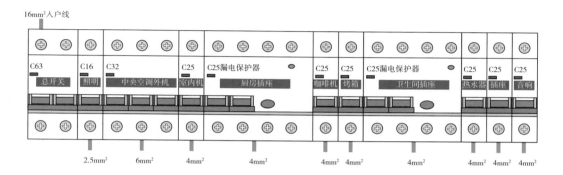

合理的电力设备分配

在电路设计时，要根据用户的需要并遵循科学的设计原则对每一个支路上的电力设备进行合理的分配。

①照明支路：主要包括各种灯具，每一个控制开关均设在进门口的墙面上，打开门就能方便地点亮灯具。

②普通插座支路：除了卫生间、厨房及空调的大功率插座等，其余均为普通插座。每一个插座都要根据使用的家用电器及用户需要进行分配。

③空调支路：空调的位置需要设置大功率插座支路，主要为卧室和客厅中的大功率插座支路，也有个别用户会有在厨房安设空调的需求。由于空调功率较大，因此单独使用一个支路进行供电。

④厨房支路：由于厨房的电器功率较大，因此将其单独分出一个支路。厨房支路中大多数为插座支路，根据不同的需要，将插座设置在不同的位置，并且应在厨房中设计一些大功率的插座，以保证厨房用电的多样性。

⑤卫生间支路：卫生间也应多预留插座，来保证电热水器、洗衣机以及浴霸等的插接。

配线选择要合理

在配电线路中，导线是最基础的供电部分，导线的质量、参数直接影响着室内的供电，因此合理地选配导线在家庭配电线路的设计中尤为重要。

①在设计、安装配电箱时，要选择载流量大于实际电流量的绝缘线（硬铜线），不能采用花线或软线（护套线）。暗敷在管内的电线不能采用有接头的电线，必须是一根完整的电线。

②设计、安装配电盘采用暗敷时，一定要选择载流量大于等于该支路实际电流量的绝缘线（硬铜线），不能采用花线或软线（护套线），更不能使暗敷护管中出现电线缠绕连接的接头；采用明敷时，可以选用软线（护套线）和绝缘线（硬铜线），但是不允许电线暴露在空气中，一定要使用敷设管或敷设槽。

③在对线路连接的过程中，应注意对电源线进行分色，不能所有的电源线只用一种颜色，以免对检修造成不便。

（2）安全设计原则

在家庭配电线路的设计中，要特别注意设计应符合安全要求，即保证配电设备安全、电器设备安全及业主的使用安全。

①在规划设计家庭配电线路时，家用电器的总用电量不应超过配电箱内总断路器和总电能表的负荷，同时每一个支路的总用电量也不应超过支路断路器的负荷，以免出现频繁掉闸、烧坏配电器件的现象。

②在进行电力器件分配时，插座、开关等也要满足用电的需求。若选择的插座、开关额定电流过小，使用时会烧坏。

③在进行家庭配电线路的安装连接时，应遵循安装的原则，同时应注意配电箱和配电盘内的导线不能外露，以免造成触电事故。

④选配的电能表、断路器和导线应满足用电需求，防止出现掉闸，损坏器件或家用电器等事故。

4.2.3 照明设计

（1）照明设计要点

照明设计的重点在于亮度设计以及光源位置的精细化，亮度设计决定了光源的位置，而位置的精细化更是关系到电线的排布，三者之间互相影响。

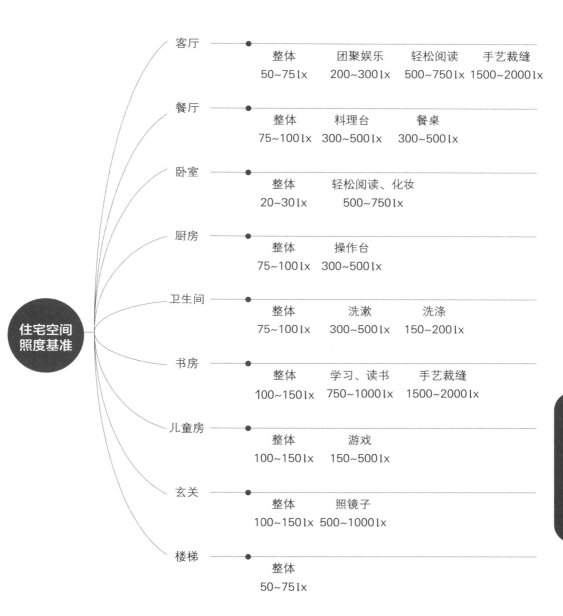

客厅

整体	团聚娱乐	轻松阅读	手艺裁缝
50~75lx	200~300lx	500~750lx	1500~2000lx

餐厅

整体	料理台	餐桌
75~100lx	300~500lx	300~500lx

卧室

整体	轻松阅读、化妆
20~30lx	500~750lx

厨房

整体	操作台
75~100lx	300~500lx

卫生间

整体	洗漱	洗涤
75~100lx	300~500lx	150~200lx

书房

整体	学习、读书	手艺裁缝
100~150lx	750~1000lx	1500~2000lx

儿童房

整体	游戏
100~150lx	150~500lx

玄关

整体	照镜子
100~150lx	500~1000lx

楼梯

整体
50~75lx

住宅空间照度基准

4
电路系统

131

家装空间常用灯具

吸顶灯

适用范围：厨房、阳台、卫生间、客厅

特点：通常是漫反射照明，光线柔和

水晶吊灯

适用范围：客厅

特点：通常光线比较耀眼

普通吊灯

适用范围：餐厅、客厅、卧室

特点：通常属于直接照明或半直接照明，重点向下照射，提高重点照明区域的亮度

壁灯

适用范围：客厅、卧室、餐厅

特点：通常属于间接照明或半间接照明，固定在墙壁上，光斑比较明显

台灯

适用范围：书房、卧室

特点：适用于局部照明，光线向下分布，要求光源的照度和显色性较高

筒灯 / 射灯

适用范围：客厅、玄关、书房、卧室

特点：通常产生直接向下的光线，光斑明显，适合集中照明，容易产生眩光

地脚灯

适用范围：走廊、楼梯、卫生间、卧室

特点：适合夜间安全照明，由于位置较低，光线向下分布，可以避免眩光，光斑不明显

（2）各个空间的照明位置

玄关

　　玄关是步入住宅的第一个功能空间，玄关照明除了为整个玄关提供环境照明，还兼有一定的装饰照明作用。玄关的照度不用太高，可以看清物品或访客即可。

· 玄关的色温：2800K
· 玄关的显色指数：≥80

玄关天花板主灯
功能：提供均匀照度
参考平面：地面
照度值：75~150lx

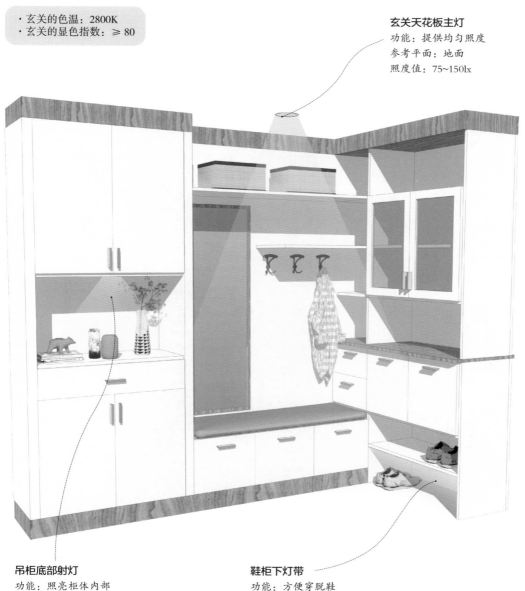

吊柜底部射灯
功能：照亮柜体内部
参考平面：工作面
照度值：150~300lx

鞋柜下灯带
功能：方便穿脱鞋
参考平面：工作面
照度值：150~300lx

厨房照明

　　厨房属于功能区域，是家务劳动比较集中的地方。厨房照明设计首先应该实现备餐的功能照明。随着人们对环境要求的提高，照明设计还应该尽量创造能够使人愉快地进行家务劳动的良好光照环境。

　・厨房的色温：若与餐厅连接，最好与餐厅的色温一致，色温可偏低，达2500K左右即可；如果厨房是独立的，建议用高色温，但不宜超过4000K。
　・厨房的显色指数：接近90。

抽屉感应灯条
功能：抽屉内部物体的照明
参考平面：抽屉内的物体
照度值：100~300lx

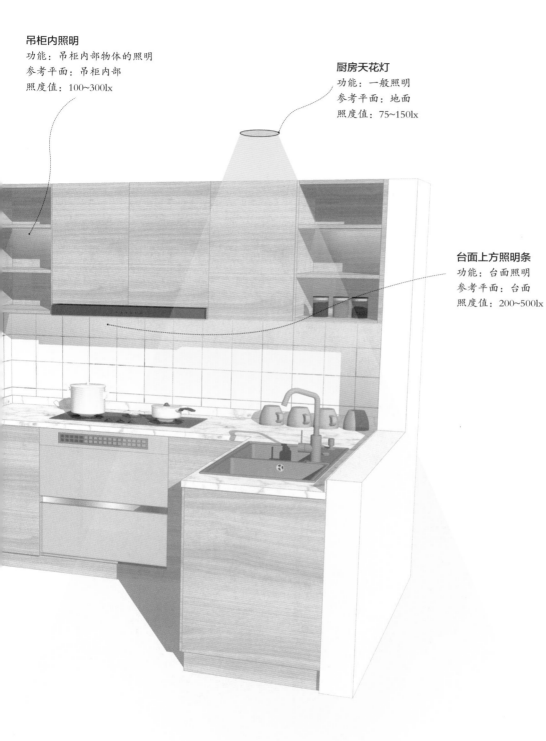

吊柜内照明
功能：吊柜内部物体的照明
参考平面：吊柜内部
照度值：100~300lx

厨房天花灯
功能：一般照明
参考平面：地面
照度值：75~150lx

台面上方照明条
功能：台面照明
参考平面：台面
照度值：200~500lx

卫生间照明

卫生间的照明设计主要突出功能作用，保证足够的照度，除此以外，也可以根据空间大小、风格来确定是否增加装饰性照明。

· 卫生间的色温：大约3000K，若有化妆镜，其镜前灯的色温可为4000K
· 卫生间的显色指数：≥80

天花灯
功能：空间整体照明
参考平面：地面
照度值：50~100lx

镜面灯
功能：化妆、护肤
参考平面：工作面
照度值：200~500lx

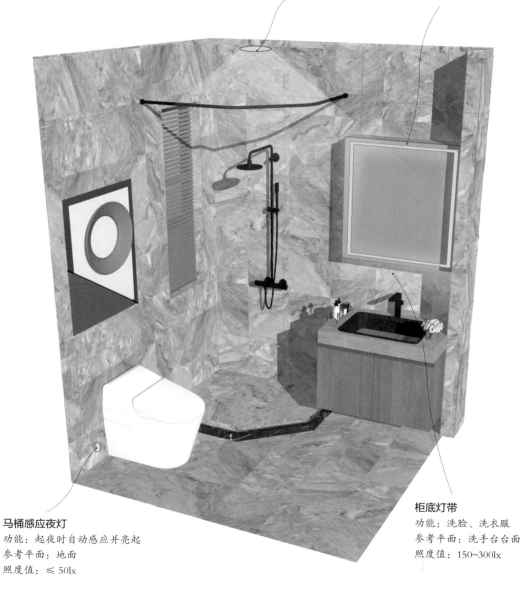

马桶感应夜灯
功能：起夜时自动感应并亮起
参考平面：地面
照度值：≤50lx

柜底灯带
功能：洗脸、洗衣服
参考平面：洗手台台面
照度值：150~300lx

书房照明

书房是进行阅读、学习等活动的场所，要求有高雅、幽静，能使人心绪平静的环境。书房照明应注重整体光线的柔和、亮度应适中，以免加重人的视觉疲劳。

· 书房的色温：如果仅看书，没有其他光源，使用4000K色温可提振精神；如果习惯在书桌上使用电脑，因电脑的色温为5500~6000K，建议使用3000K左右的色温去平衡。
· 书房的显色指数：≥80

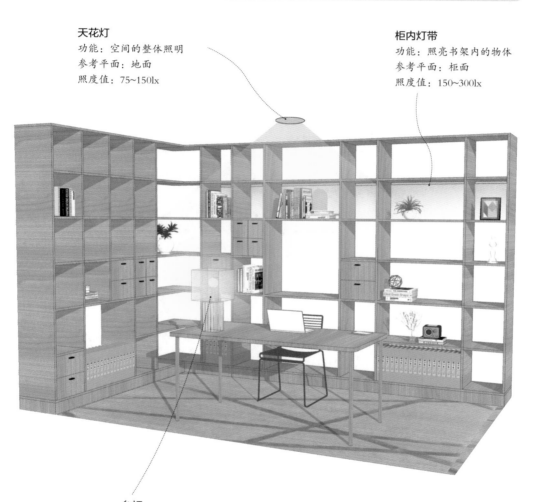

天花灯
功能：空间的整体照明
参考平面：地面
照度值：75~150lx

柜内灯带
功能：照亮书架内的物体
参考平面：柜面
照度值：150~300lx

台灯
功能：工作、学习或者做手工时使用
参考平面：工作面
照度值：300~1000lx

餐厅照明

餐厅的照明设计中，最主要的灯具要根据餐桌的位置进行设计，在桌子中心点的正上方预留吊顶灯口，若对就餐环境有要求，也可以设置一些氛围灯。同时餐边柜的地方也可以根据需求来布置照明。

· 餐厅的色温：2500~2800K
· 餐厅的显色指数：≥ 90

餐厅暗藏灯带
功能：餐厅的整体照明
参考平面：地面
照度值：20~75lx

餐桌吊灯
功能：方便看清桌面上的食物，并营造良好的就餐氛围
参考平面：餐桌面
照度值：150~300lx

餐边柜射灯
功能：方便看清台面上的物品
参考平面：台面
照度值：200~300lx

客厅照明

客厅可以采用吊灯、吸顶灯做主灯，也可以采用无主灯的设计形式。有主灯的设计形式就需要主灯的位置贴合茶几的位置，经常设置在茶几的正上方。而无主灯则是使用天花嵌灯、洗墙灯条这些隐藏灯具，再加一些内置照明做点缀，营造精致的照明氛围。

· 客厅的色温：2700~3000K
· 客厅的显色指数：≥ 80

客厅灯带
功能：客厅的整体照明
参考平面：地面
照度值：30~75lx

客厅主灯
功能：客厅的整体照明
参考平面：地面
照度值：100~300lx

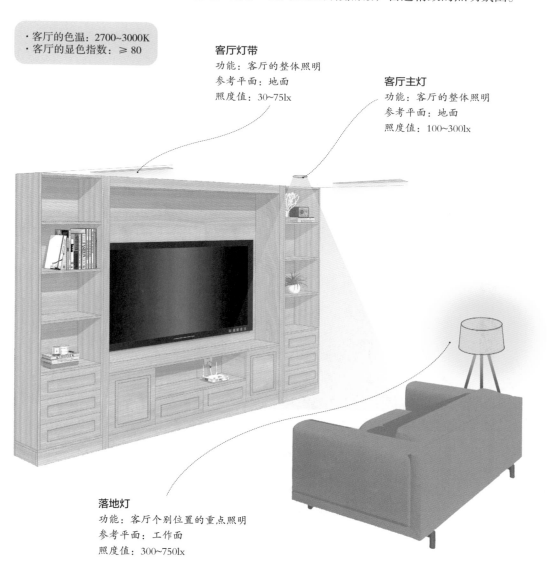

落地灯
功能：客厅个别位置的重点照明
参考平面：工作面
照度值：300~750lx

4
电路系统

卧室照明

卧室也可以选择是否设置主灯，设置主灯则可以在周边位置根据装修效果的需要来设置反光灯槽、筒灯、射灯等其他常用辅助照明灯具，以形成丰富的光效果。若不设置主灯，则可在天花上以嵌灯、灯槽等做空间的照明，在床头位置设台灯或落地灯，作为局部重点照明。

· 卧室的色温：2700K 左右，儿童房建议 4000K 左右
· 卧室的显色指数：≥ 80

卧室主灯
功能：卧室的整体照明
参考平面：地面
照度值：30~100lx

化妆镜前灯
功能：方便化妆的重点照明
参考平面：工作面
照度值：300~750lx

落地灯
功能：卧室个别位置的重点照明
参考平面：工作面
照度值：300~750lx

卧室灯带
功能：卧室的整体照明或局部照明
参考平面：地面
照度值：30~75lx

台灯
功能：卧室个别位置的
重点照明
参考平面：工作面
照度值：300~750lx

阳台照明

照明设计中最容易忽略的是阳台，为了提高空间的利用率，很多阳台都被设计为家务区，在这种情况下，灯具就需要进行精细的设计。阳台可以储物，可以安置各种清扫工具，在该位置设置灯带可以帮助寻找工具。

· 阳台的色温：2700~3000K
· 阳台的显色指数：≥ 80

阳台天花灯
功能：空间的整体照明
参考平面：地面
照度值：80~120lx

吊柜下方的灯带
功能：方便看清台面
参考平面：台面
照度值：200~750lx

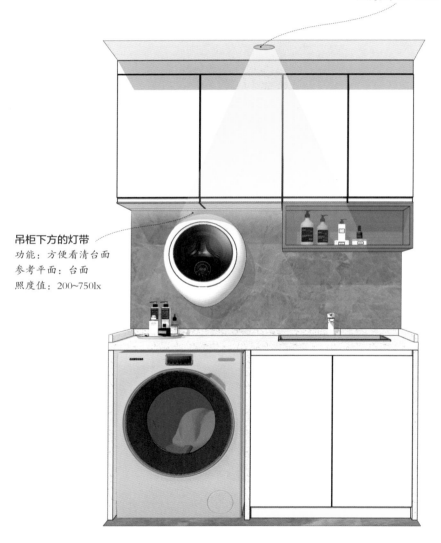

4.2.4 开关、插座的布置

（1）开关的设计要点

①开关的位置与生活动线息息相关，开关最经常布置的位置就是入口和床头，方便随手开关灯。其高度距地通常为 1.3m，与成人肩高差不多，抬手就能够到。开关距离门框边缘一般 20~30cm 宽，方便一手开灯一手开门。开关的设置要避免设在门后，不然门挡住了开关，不方便生活。

②双控开关设置在拥有两个进出口的空间，如卧室的门口和床头、楼梯上下两端、进入客厅和离开客厅的两个位置、较长走廊的两端，都能让生活更加便利。

③若是设计有变动，也需要及时调整开关、插座的位置，防止原有的插座或开关被一些成品家具挡住，不方便使用。

（2）插座的设计要点

①插座应根据业主的电器需求进行设计，比如扫地机器人的位置、放置电脑的位置等都需要对应的插座，如此业主在使用时不需要另外拉接线板，可以让空间更加整洁。

②不能和其他物体相冲突，避免被一些家具遮挡，以免影响使用。

③一些固定电器的专属插座最好就近安置，像洗衣机、空调、冰箱都需要专属插座，而且大电器可能会放在定制柜内，一般不会移动。

④一些备用插座可以设计在距地 30~40cm 的高度，不要太显眼，还有一些固定电器基本不会插拔，尽量安排在看不到的位置。

⑤一些经常插拔的插座在高度的设定上需要舒适。人在家居空间内通常有躺、坐、站三种高度，对应的插座高度也不同。像躺下的位置，插座、开关应设置在床头柜上方 10cm 的位置。坐在桌子前，就需要在桌子上方 10cm 高度的位置设置插座。若是站着，则开关、插座的设置高度应在 1.2m 左右。

（3）开关、插座的常见布置

玄关

玄关的开关可以设两个，一个手动开关和一个感应开关。同时也可以在玄关柜内设置插座，方便手机或者扫地机器人等电器的使用。

门旁
设置单开开关，控制天花灯和吊柜底灯。如果有儿童，开关高度可降至1.1m。

玄关柜内
可以设置斜五孔插座，方便在门口充电或者放置香薰灯等小电器设备。

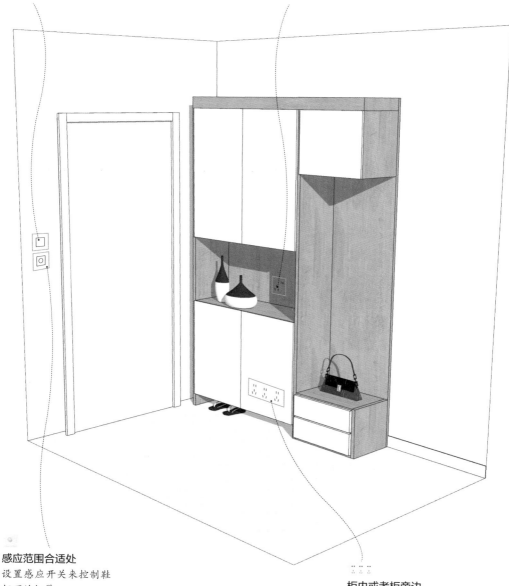

感应范围合适处
设置感应开关来控制鞋柜下的灯带。

柜内或者柜旁边
设置十五孔插座，在柜内可以给柜内的灯带照明，或者给一些家电充电。在柜外则设在距地10~30cm处，方便扫地机器人充电。

厨房

家用电器层出不穷，尤其是厨房电器，抽油烟机、烤箱、微波炉、豆浆机、洗碗机、净水机等，各种产品所使用的位置不同，其插座的部位也应设置在对应的位置上，最好的方式就是在厨房上、中、下三段内都预埋好插座，并且要有 16A 插座，这样即使后期购买了大功率电器也不会因功率不够而为难。

吊柜内（带有柜门的格内）
通常放置五孔插座，主要用于吊柜内置灯具或者吊柜底部灯带照明的用电，若无该需求可不放置插座。

吊柜内（抽油烟机处）
通常放置五孔插座，主要用于抽油烟机和燃气报警器的用电。

地柜内（抽屉处）
可设置五孔插座在抽屉内部，供抽屉内置照明电器使用。

地柜内
通常设置 16A 插座，适合大功率烤箱的用电。

台面上方
可设置十五孔和五孔插座，十五孔插座适合大功率的家用电器，比如咖啡机等，五孔插座则适合普通的家用电器，比如豆浆机等。

地柜内（水槽下方）
通常设置十五孔插座，方便净水机、洗碗机、垃圾处理器或小厨宝等电器的用电。

卫生间

卫生间内经常使用的电器都比较小，但数量却不少，也就需要对插座有更加精细化的布置。

浴室间墙面
安装浴霸遥控器，可以控制多功能浴霸，有多种模式可选。

镜柜外
设置五孔插座，方便一些电动牙刷、冲牙器、洁面仪以及剃须刀等小电器的充电、供电。

马桶旁
安装感应开关，可以控制马桶夜灯。

马桶旁
设置防水插座，可以给智能马桶圈供电。

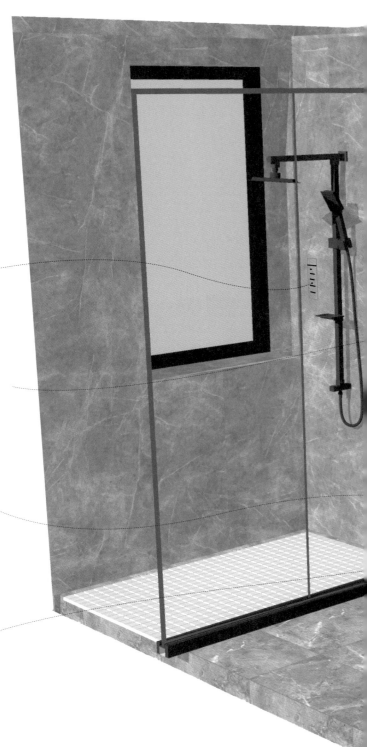

镜柜后

内置五孔插座，主
要给镜柜内的照明
供电。

洗手池柜内

内置五孔插座，方
便电吹风、卷发棒
等的使用。

书房

门旁

设置单开开关，
控制书房内的一
般照明。

书桌上方

在桌面高 10cm 的位置
设五孔插座，可以给台
灯或落地灯供电。

书架内

设置五孔插座，给
一些灯带供电。

餐厅

餐厅通常会安装电磁炉、微波炉、热水壶以及面包机等电器，因此不能只设置一个插座。

门旁

设置双开开关，控制餐厅吊灯和吊柜底灯。

吊柜内

安装五孔插座，可以给柜内的照明供电。

餐桌下

安设地面插座，方便电磁炉的使用，在吃火锅等场景下十分方便。

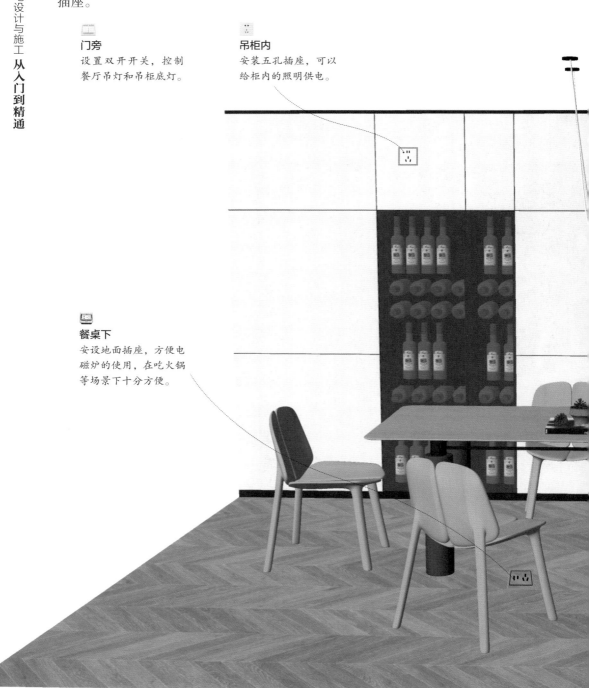

餐边柜上方
设置十五孔插座，可
以给一些小家电供电。

底柜内
设五孔插座，给底柜
内部的灯带供电。

客厅

客厅的开关要尽量精简，基本上一个双开开关即可。但是客厅内十分需要插座，可以在电视柜内多设置几个插座，用以插接影音电器、网络设备等。

电视后
可以预埋 PVC 空管，让电视电源线、信号线走暗线，避免线太乱导致不美观。

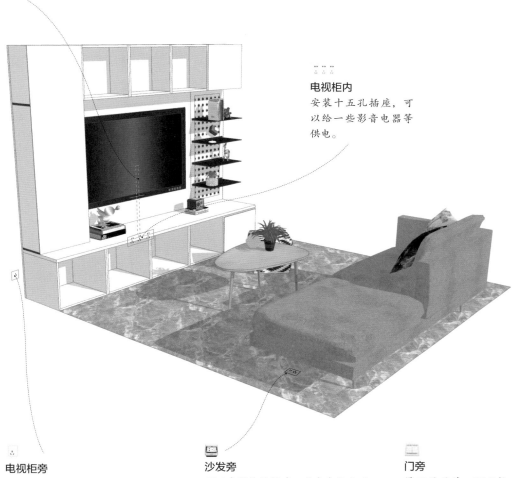

电视柜内
安装十五孔插座，可以给一些影音电器等供电。

电视柜旁
可以设 16A 三孔插座，距地 30cm 高，方便柜式空调的供电，或者是把插座安装在墙面距地 1800mm 的高度，方便壁挂空调的供电。

沙发旁
可以安设地面插座，或者在沙发两侧留 1~2 个斜五孔插座，给落地灯供电的同时，还可以方便充电。

门旁
设双开开关，可以控制天花灯和吊柜照明。

卧室

卧室当中最重要的就是在床头附近布置开关和插座，另外衣柜也应内置插座。

床头柜上方
单开双控开关，跟门旁边的开关控制同一组灯具。

墙面上
安设一个斜五孔插座，选 16A 或 10A 的，根据空调的型号进行选择。高度在 2~2.1m，离空调越近越好。

床头柜上方
可以设置带 USB 口的插座，可以给台灯供电，也能给手机、平板电脑等设备充电。

桌子下方
在桌子下 0.3m 高的位置设置五孔插座，给台式电脑、化妆镜等供电。

桌子后方
设置五孔插座，给抽屉内的照明条供电。

墙面上
设置五孔插座，可以给普通电器使用。

门旁
设单开双控开关，可以控制天花灯或床头柜底灯。

阳台

阳台若是有做家务的功能，那电器会较多，也就需要很多插座来供家务电器使用。

洗衣机后
设置十五孔插座，给洗衣机和烘干机供电。

吊柜内
安设五孔插座，给吊柜下的照明灯带供电。

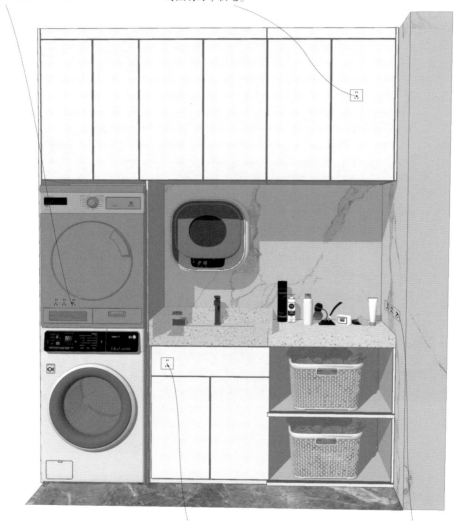

门旁
设置双开开关，距离地面1.4m，来控制阳台的多个天花灯。

洗手池柜内
设置五孔插座，给抽屉内的灯带供电。

墙面上
安设十五孔插座，给一些家务电器，比如吸尘器、挂烫机等供电。

4.2.5 全屋家居智能设计

（1）智能家居系统的便利与快捷性

现阶段的智能家居系统还没有直接和人脑连接来传输信息的能力，因此都是通过动作或者语音等命令来执行操作的。将一些有关联的命令设置在一起，就形成了一个场景。比如在人离开家的时候，在门口设置一个无线按钮，长按即可执行离家场景，自动关闭灯、电视以及空调等设备，同时开启摄像头对家中进行监控。将原本需要逐一关闭、检查、开启设备的步骤变成了一键完成，对于人们来说生活变得十分便利和快捷。

像这种快捷、便利的操作都是通过场景设置来实现的，自动化的组合能够实现很多种功能，能够精准地根据用户的生活习惯来建立场景。目前常见的场景有回家场景、离家场景、观影场景等。

回家场景

回家场景就是当家庭成员回到家以后，智能家居系统会自动执行多个命令。像开门后自动打开玄关灯光、背景音乐缓缓响起等，若是男主人和女主人生活习惯不同，还可以针对他们不同的习惯设置不同的场景，比如女主人习惯回家看电视，可以设置女主人一回家就自动打开电视的命令。若是小孩子回家，也可以设置孩子回家后电视机断网等场景。

离家场景

离家场景也可以称作上班场景或者出门场景，在出门时可以自动关闭灯和电器，同时也可开启家内监控。如此既节能又环保，而且监控也提高了安全性。同时针对一些特殊情况，比如单独居住的房屋内，可以设置出门后窗帘定期开启或关闭，形成有人在家的假象，也能在一定程度上避免被不法分子盯上。

观影场景

现在电视机的屏幕尺寸越来越大，也十分流行在家中采用投影仪或激光电视机来观看节目或者电影。这样一来，光线对观影体验会有较大的影响，所以很多时候都会关掉客厅主灯，用氛围灯做照明，并将窗帘关上，使整个空间照度降低。若是在观影前后都要反复地开关灯和窗帘，难免会有些麻烦。智能家居系统只需要设定场景的开启和关闭指令，就能一键完成这些动作。

（2）智能家居设计的底层逻辑

智能家居系统中的产品很多，但可以简单地将其分类为三个模块，感应模块、控制模块以及传输模块。感应模块可以感受到外界的温度、湿度等的变化，控制模块可以控制设备，而传输模块则支撑、连接起了整个系统，起到了数据传输的功能。

感应模块

实现智能家居感应功能的就是各种传感器设备，它们就类似于人的皮肤，能够感知环境中温度、湿度等的变化。在检测到这些变化后，再传输给控制器进行降温或者升温等的操作，来达到使环境中温度、湿度等恒定的目的。以下就是智能家居中常见的具有感应功能的传感器。

常见的传感器类型		
图片	名称	作用
	温湿度传感器	能够时刻监控温度、湿度变化的情况，并可以与空调等设备联动。除此之外，带液晶屏的款式可以直接贴到墙壁上，方便随时查看
	水浸传感器	可以时刻监控屋内是否有漏水、水管爆裂、忘记关水龙头等的情况，若有该情况，可以发出提醒，或者自动关闭，及时止损。一般放置在厨房和卫生间有可能漏水的地方，需要水平放置
	无线开关	无需电源线就可以发射无线的控制信号来控制灯具等电器设备电源的通断

常见的传感器类型		
图片	名称	作用
	门窗传感器	可以感知门窗的打开和关闭以及光照的强弱，通过信号可以自动完成门窗的关闭、打开等行为
	人体传感器	当人走入传感器检测范围时，人体传感器会被触发，从而联动其他的智能设备。即使人体传感器没有被触发，也可以联动其他智能设备。比如在回家场景中，女主人打开家门之后，玄关灯自动打开，女主人离开玄关后，玄关灯自动关闭

除了常见的几种传感器外，还有魔方、震动传感器、压力传感器、烟雾报警器、天然气报警器、光照传感器等，为不同需求的客户提供服务。

控制模块

控制模块实际就是智能家居系统中的控制器，是可以控制某种电器或者设备的装置。比如可以控制灯具的开关、水龙头的开关等。控制器可以解放人们的手脚，一个指令就可以控制灯光、电视等的开和关，无须人走到开关前面进行操作。以下是常见的具有控制功能的智能家居设备。

常见的控制器类型		
图片	名称	作用
	智能开关面板	除了基本的远程控制开关的功能外，目前常见的智能开关都有显示屏，可以通过触摸或者按键来调试空调等设备的温度、控制灯光

常见的控制器类型		
图片	名称	作用
	智能插座	是节约用电量的一种插座，对被控家用电器、办公电器电源实施定时控制开通和关闭。可以定时关闭和开启电源，也可以远程遥控电源，甚至联动其他设备。还具有统计电量，保护充电设备的功能
	电动窗帘电机	可以远程控制窗帘，还能定时控制窗帘的打开和闭合，甚至可以根据日出、日落的时间来控制
	智能门锁	是采用了密码锁、指纹锁或者虹膜识别系统等的门禁，在安全性、识别和管理上更加智能和简便
	智能恒温器	可以自动控制温度，并根据生活方式为家居空间定制采暖方案，比如有人白天外出工作不要求室温，但喜欢晚上卧室热一点，那么就可以在外出工作的时间段减少供暖，在下班回家后自动调节室温到用户喜欢的温度

传输模块

在智能家居系统中，传输功能主要就由网关实现。在计算机领域中，网关又称网间连接器、协议转换器，在网络中实现网络互连，担当数据转化的职责，像翻译器一样。网关在智能家居系统中更像是一个中枢，让内部互相连接的智能家居设备可以和外界的互联网进行连接。一般来说，网关都是通过网线或者无线（Wi-Fi）进行连接的，而智能设备之间则是通过蓝牙或者紫蜂（ZigBee）进行连接的。不同的连接方式，响应的时间、速率、耗电等都不同。

网关产品对比表			
项目	无线（Wi-Fi）网络	蓝牙网状（Mesh）网络	紫蜂网络（Zigbee）
耗电量（续航）	大（几天）	小（几个月）	很小（几年）
传输速率	大（100Mbit/s）	小（1~2Mbit/s）	小（20~220kbit/s）
连接设备数	少	多	很多
频段	2.4GHz/5GHz	2.4GHz	2.4GHz
安全性	低	高	中等
成本	高	低	低
通信距离	几十米	十几米	十几米

　　三种连接方式中，Wi-Fi 的连接方式耗电量很大，而很多智能设备并没有连通电源，无法用 Wi-Fi 来联网，这就需要通过网关来进行转达，把蓝牙或 ZigBee 协议传输的内容通过网关传递到互联网中，反之亦然。然而市面上的智能设备所采用的协议并不统一，这也就需要网关支持多种协议，如此才能通过网关让不同的智能设备可以"沟通"。

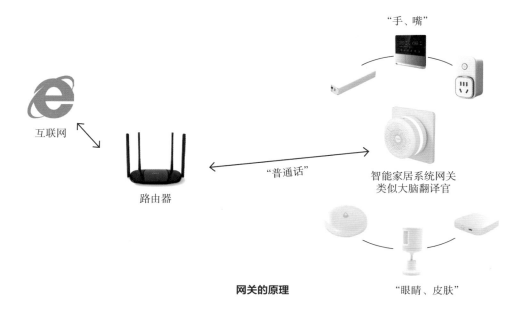

网关的原理

（3）智能家居的实现原理

智能家居是通过不同的条件和命令来实行的。比如，温湿度传感器检测到室内温度过低，假设低于10℃，那么就执行打开空调的操作，此时默认空调的自动运行模式设置为制热20℃。条件和命令可以简单理解为"if...then..."，如此来实现自动化。

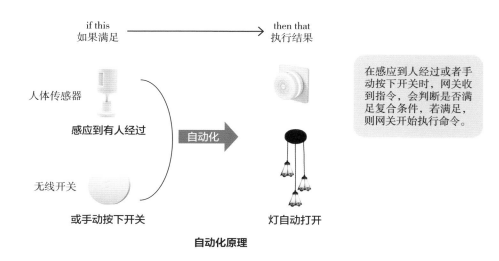

自动化原理

自动化又根据路径分为本地化执行和网络化执行，在断网的情况下，同一个命令，网络化执行会失败，而本地执行则不受影响。

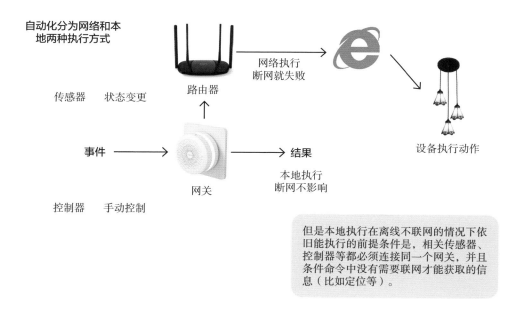

网络化执行和本地化执行的区别

（4）智能系统和电器联动原理

全屋智能的实现除了控制器、传感器，还需要接入电器。电器本身自带智能功能，可以接入平台。通过智能设备间接实现智能联动。如果把家中常用的普通插座替换成智能插座，普通电器也可能变成可以定时开启、关闭的智能电器，不仅省钱还更安全。还可以通过改造或另类使用实现智能家居功能。比如将检测是否漏水的传感器，即水浸传感器，贴在浴缸内侧的上沿，这样浴缸放水快满的时候传感器就会报警，变相提醒业主浴缸放满水了。

（5）全屋家居系统的设计流程

第一步 | **明确需求与预算**
智能家居系统根据不同的预算有着不同的做法，在记录业主的详细需求后，再进一步地确定业主的参与程度。

第二步 | **确定业主的参与程度**
装修分为清包、半包、全包和整装，在智能家居方面，如果业主没有精力参与，那么就可以联系专业的服务商来落地智能家居系统。

第三步 | **平面规划**
在平面图中将规划好的智能设备放置在相应的点位上，不同设备的尺寸不一样，设计师在布置时要结合美观性和实用性考虑设备的最佳放置位置。

第四步 | **电路规划**
在强弱电图设计时要考虑涉及的智能家居设备是否需要提供电源插座或者网络，像扫地机器人、智能马桶等都需要旁边留有插座。
同时也要特别注意开关布线图，大部分无线智能开关最多只支持 3 个回路，所以在需要 4 个回路的空间中要预留两个智能开关。

第五步 | **深化设计**
在进行深化设计时，要重点注意给智能设备预留出相应的尺寸，比如电动窗帘轨道的预留宽度比手动窗帘的更宽。单直轨窗帘盒宽度不小于 150 mm，双直轨窗帘盒宽度不小于 220 mm；单弯轨窗帘盒宽度不小于 200 mm，双弯轨窗帘盒宽度不小于 300 mm。

4.3 热水器布线与配线

4.3.1 储水式热水器的布线与配线

储水式热水器安装在卫生间内，因此布线时，需要从卫生间空开上引线。储水式热水器的输出功率较大，用 $4mm^2$ 导线，配 3 根导线，分别是火线、零线和地线。储水式热水器所使用的插座端口需要配备开关，通过开关来控制插座的通电情况。

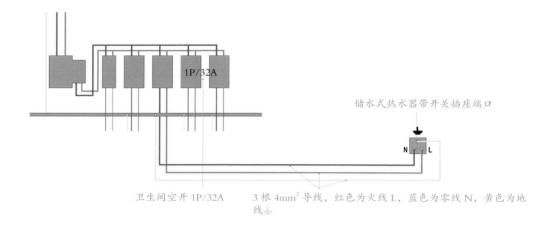

储水式热水器带开关插座端口

卫生间空开 1P/32A

3 根 $4mm^2$ 导线，红色为火线 L，蓝色为零线 N，黄色为地线

储水式热水器配线方式

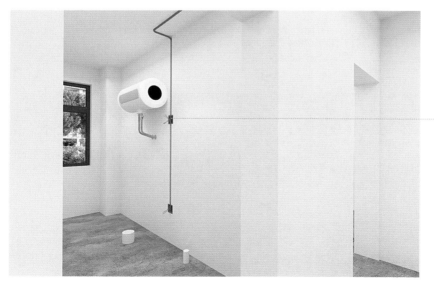

储水式热水器可安装在坐便器的上方，插座端口安装在热水器的下面靠右侧的位置

储水式热水器布线效果图（一）

储水式热水器布线效果图（二）

储水式热水器的布线走顶面，不走地面。当
电路发生故障时，便于维修

4.3.2 速热式热水器布线与配线

速热式热水器相比较储水式热水器体型小很多，加热原理也不同。速热式热水器通
常安装在厨房，而不是卫生间。因此布线时，需要从厨房空开上引线。速热式热水器的
输出功率很高，需要用 $6mm^2$ 导线，配 3 根导线，分别是火线、零线和地线。

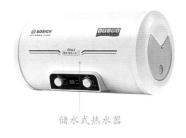

储水式热水器

速热式热水器

两种热水器对比图

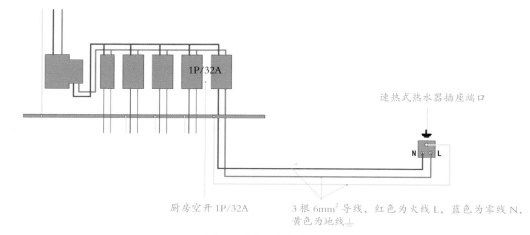

速热式热水器插座端口

N L

厨房空开 1P/32A

3 根 6mm² 导线，红色为火线 L，蓝色为零线 N，
黄色为地线⊥

速热式热水器配线方式

速热式热水器的插座
端口布设在侧边偏下
的位置，布线走向以
从顶面到墙面为标准

速热式热水器布线效果图

4.4 厨房大功率设备布线与配线

　　厨房大功率设备有微波炉、电磁炉、电烤箱和电蒸箱等，这类电器的输出功率较高，对导线的导电性能要求很高，因此全部需要使用 4mm² 导线，并从单独的厨房空开上引线。由于厨房电器具备一定的导电性，因此需要在插座中接入地线。也就是说，厨房的大功率设备需要配 3 根 4mm² 导线，分别是火线、零线和地线。

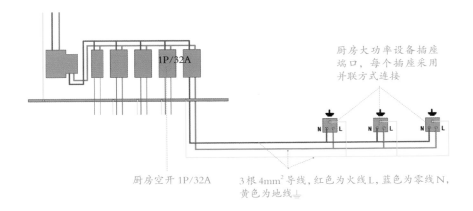

厨房大功率设备插座
端口，每个插座采用
并联方式连接

1P/32A

厨房空开 1P/32A

3 根 4mm² 导线，红色为火线 L，蓝色为零线 N，
黄色为地线⏚

厨房大功率设备配线方式

墙面中预留的插座暗
盒为厨房大功率设备
插座暗盒，一个在橱
柜台面上，一个预留
在地柜里面

厨房大功率设备布线效果图

4.5 卫生间公用插座布线与配线

卫生间预留公用插座，是为了使用电吹风、刮胡刀等电器，通常布设在洗手柜的一侧，和卫生间的开关布设在一起。公用插座为五孔防水插座，即插座外侧有防水面罩。公用插座在卫生间空开上单独引线，采用 3 根 4mm² 导线，分别为火线、零线和地线。

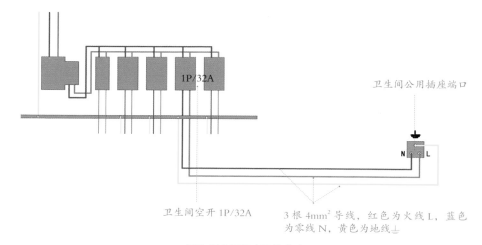

卫生间公用插座端口

1P/32A

N L

卫生间空开 1P/32A

3 根 4mm² 导线，红色为火线 L，蓝色为零线 N，黄色为地线

卫生间公用插座配线方式

左侧为卫生间公用插座，内部配有 3 根导线，分别为火线、零线和地线。右侧为卫生间灯具开关

卫生间公用插座布线效果图

4.6 低位插座布线与配线

低位插座的布线与配线指室内除了厨房和卫生间之外的所有插座布设，其中包括五孔插座、九孔插座和带开关插座。

4.6.1 五孔插座的布线与配线

　　五孔插座的布线与配线主要涵盖客厅、餐厅、卧室以及书房等空间的五孔插座布设。以卧室为例，五孔插座布设在床头的两侧，通常一侧布设 1 个五孔插座，另一侧布设 2 个五孔插座，全部采用 2.5mm^2 导线，内部配 3 根导线，分别为火线、零线和地线。卧室内的五孔插座采用并联的方式布线。

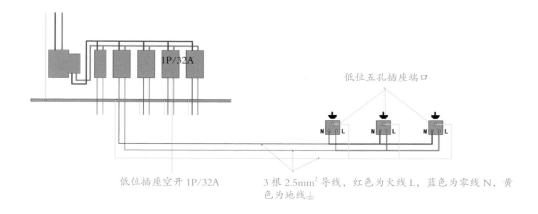

低位五孔插座配线方式

卧室低位插座布设高度要略高于床头柜，距地 650mm。靠近衣帽柜的一侧布设 2 个，靠近窗户的一侧布设 1 个

低位五孔插座布线效果图

4.6.2 九孔插座布线与配线

九孔插座的布线与配线原理与五孔插座相同，差别体现在暗盒的配置上。九孔插座的暗盒为长方形，内部配 3 根 2.5mm² 导线，分别为火线、零线和地线，从低位插座上引线。

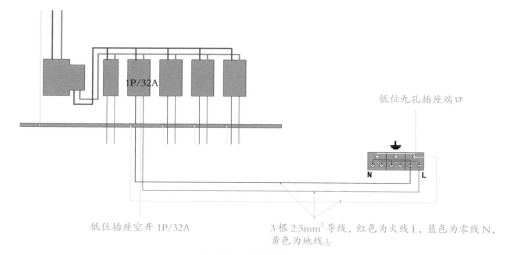

低位九孔插座端口

低位插座空开 1P/32A

3 根 2.5mm² 导线，红色为火线 L，蓝色为零线 N，黄色为地线⊥

低位九孔插座配线方式

九孔插座的内部只需要配 3 根 2.5mm² 导线，采用一个长方形暗盒。线路全部走地面

低位九孔插座布线效果图

4.6.3 带开关插座布线与配线

带开关插座主要布设在局部，如阳台、餐厅，通过开关控制插座的通电情况。带开关插座从低位空开上引线，为 3 根 2.5mm² 导线，分别为火线、零线和地线，从低位插座上引线。

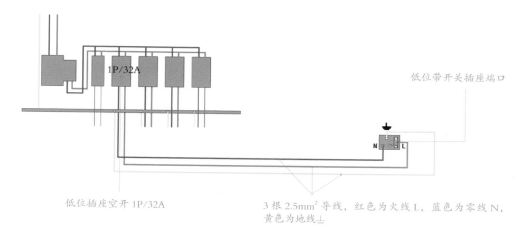

低位带开关插座端口

1P/32A

低位插座空开 1P/32A

3 根 2.5mm² 导线，红色为火线 L，蓝色为零线 N，黄色为地线⊥

低位带开关插座配线方式

带开关插座布线走地面，从图中可直观地看出空开引线到带开关插座端口的线路走向

低位带开关插座布线效果图

4.7 照明布线与配线

照明布线与配线指室内所有灯具线路的布设，包括主照明光源（吊灯、吸顶灯）、筒灯、射灯、暗藏灯带以及壁灯等照明设备。

4.7.1 主照明光源布线与配线

主照明光源（吊灯、吸顶灯）通常布设在客厅、餐厅或卧室等空间吊顶的中间位置。从照明空开上单独引线，采用 2.5mm² 导线，并配有火线、零线 2 根导线。

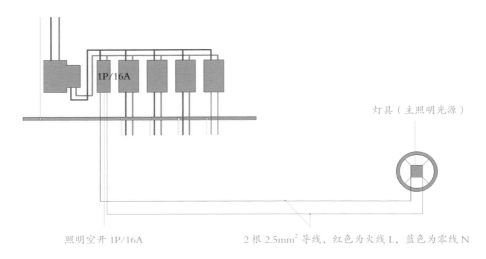

照明空开 1P/16A

2 根 2.5mm² 导线，红色为火线 L，蓝色为零线 N

灯具（主照明光源）

▲主照明光源配线方式

主照明光源采用正方形暗盒，内部配 2 根 2.5mm² 导线，分别为火线和零线。布线方式为走顶面和墙面

主照明光源布线效果图

4.7.2 筒灯、射灯照明布线与配线

筒灯、射灯布设在客厅、餐厅或卧室的吊顶中，通常会布设多个筒灯、射灯，采用并联的方式布线，即 1 根 2.5mm² 的火线，将其他的筒灯、射灯并联在一起，然后在端口接上 1 根 2.5mm² 的零线，实现单个开关的控制。

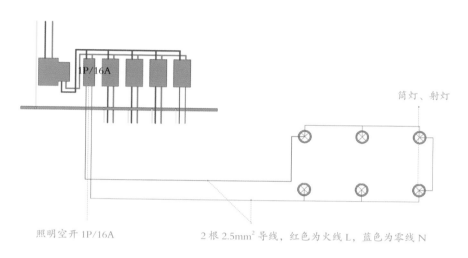

筒灯、射灯照明配线方式

筒灯、射灯照明布线效果图

所有并联在一起的筒灯、射灯，采用 1 根穿线管布线，里面配一火一零 2 根 2.5mm² 导线

4
电路系统

4.7.3 暗藏灯带照明布线与配线

暗藏灯带在空间中的照明布设，通常为环形、长方形或直线条，暗藏灯带的一端有接线柱，因此只需要预留一个接线口就可以。接线口中配 2 根 2.5mm² 导线，分别为火线和零线。

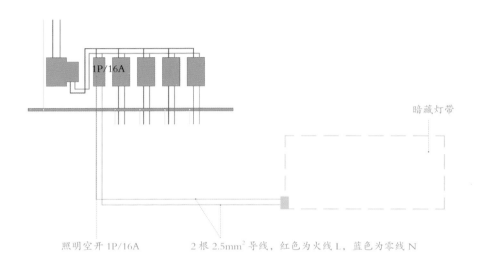

照明空开 1P/16A   2 根 2.5mm² 导线，红色为火线 L，蓝色为零线 N

暗藏灯带照明配线方式

暗藏灯带的 2 根 2.5mm² 导线预留在吊顶的角落中，用于连接暗藏灯带

暗藏灯带照明布线效果图

4.7.4 壁灯照明布线与配线

壁灯通常设计在客厅或卧室的背景墙中，布线走顶面，然后引线到墙面壁灯的位置。壁灯接线口中配 2.5mm² 导线，1 根火线，1 根零线。若墙面中设计了两盏壁灯，则两盏壁灯采用并联的方式布线。

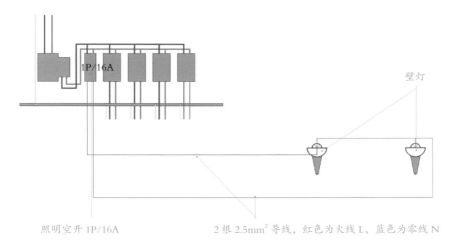

照明空开 1P/16A　　　　　　2 根 2.5mm² 导线，红色为火线 L，蓝色为零线 N

壁灯照明配线方式

壁灯接线口离地高度保持在 1350~1600mm，两盏壁灯采用同一根穿线管布线

壁灯照明布线效果图

4.8 开关布线与配线

4.8.1 单开单控布线与配线

单开单控是指一个开关控制一个照明灯具，是最简单的开关布线与配线。从照明空开引出 1 根火线，经由开关到灯具，然后由灯具接 1 根零线到照明空开，形成一个完整的回路。单开单控开关和照明配线一样，采用 2.5mm² 导线。

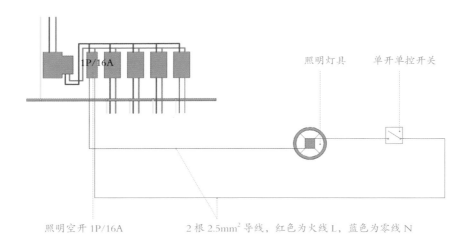

照明空开 1P/16A　　　2 根 2.5mm² 导线，红色为火线 L，蓝色为零线 N

单开单控开关配线方式

单开单控开关布线从墙面到顶面，连接到灯具的接线口

单开单控开关布线效果图

4.8.2 单开双控布线与配线

单开双控是指两个开关控制一盏灯具,每一个开关都可以单独控制灯具。单开双控的布线是将两个不同的开关并联在一起,然后和灯具形成一个完整的回路。其配线采用 2.5mm² 的火线和零线。

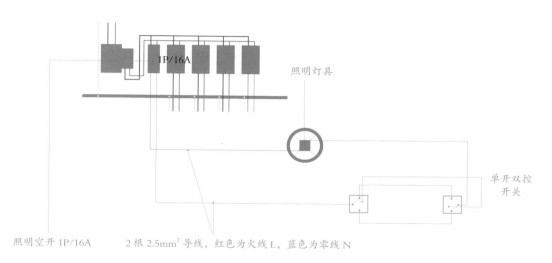

单开双控开关配线方式

照明空开 1P/16A

2 根 2.5mm² 导线,红色为火线 L,蓝色为零线 N

照明灯具

单开双控开关

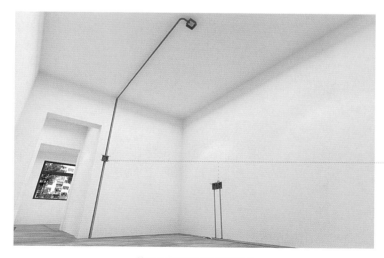

单开双控开关布线效果图

单开双控的两个开关之间布线走地面,连接灯具的部分走顶面。以卧室为例,通常一个开关布设在门口,另一个开关布设在床头一侧

4.8.3 双开双控布线与配线

双开双控是指两个开关控制两盏灯具，每一个开关都可单独控制两盏灯具。双开双控的布线较为繁杂，每一开关都需要布 2 根火线到灯具的位置，然后再由灯具接零线到照明开关的位置。双开双控配线采用 2.5mm² 的导线，分别为火线和零线。

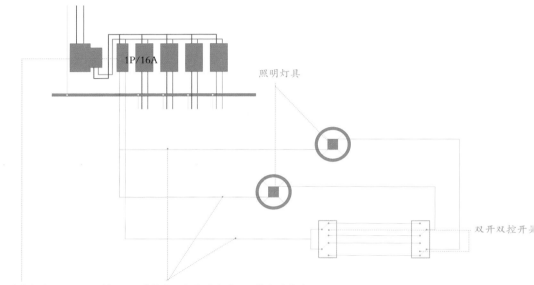

照明空开 1P/16A 2 根 2.5mm² 导线，红色为火线 L，蓝色为零线 N

双开双控开关配线方式

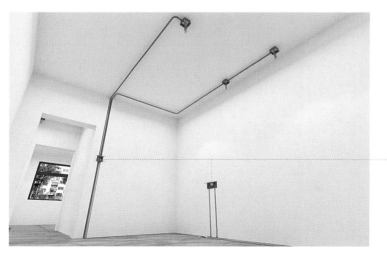

双开双控的布线以两个开关为主线路，到顶面分开连接到各自的灯具位置，实现两处开关同时控制两盏灯具

双开双控开关布线效果图

4.9 弱电布线与配线

弱电包括室内的电视线、电话线、网线、网视一体线以及音频线等，这类电缆需要从弱电箱引线，不从强电箱引线。因此布线和配线与强电有本质的不同。家装电工需要做的工作是，将弱电的管线布设好，而弱电接线则由专业的弱电工人来操作连接。

4.9.1 电视线的布线与配线

电视线是传输视频信号（VIDEO）的电缆，在家装中主要布设在客厅或卧室的电视背景墙中。

图中蓝色的管线代表电视线。由弱电箱位置引线，走地面，然后布设在电视墙墙面中

电视线端口与低位插座之间保持150mm以上的距离，可使电视信号传输不受干扰

电视线布线效果图（一）

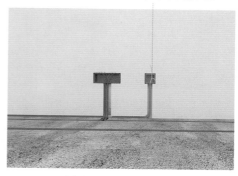

电视线布线效果图（二）

4.9.2 电话线的布线与配线

电话线通常布设在客厅的沙发背景墙一侧或卧室的床头背景墙一侧。与电视线相同，电话线从弱电箱引线，然后走地面布线。

电工需要将蓝色穿线管布设好，然后在线管中配好电话线。关于预留在弱电箱中的电话线端头，则预留给弱电工人来连接

电话线布线效果图

4.9.3 网络线的布线与配线

网络线在室内需要布设 2~3 个端口，分别是客厅的沙发墙一侧、卧室的电视墙一侧以及书房的书桌附近。因此，在弱电箱中，需要引出 2~3 根网络线，向各个空间引线，再用穿线管保护起来。

网络线在地面的布线必须走直线，转角处需保持90°垂直

网络线端口与低位插座并排布设在一起

网络线与强电交叉的位置需要包裹锡箔纸，以防止信号干扰

网络线布线效果图（一）　　　　　　　网络线布线效果图（二）

4.9.4 音频线的布线与配线

音频线在室内的布设注重立体音效，因此需要多个位置布线，形成环绕音响效果。以客厅为例，需要在电视墙预留 1~2 个音频线端口，然后在沙发墙预留 1~2 个音频线端口，这样得到的音频效果会比较理想。

音频线从地面引线，到达墙面或顶面，在顶面中预留 2 个音频端口，穿线管内配 1 根音频电缆

音频线布线效果图

4.10 电路接线

4.10.1 单芯导线连接

⇨扫码观看
铰接法连接

（1）绞接法连接

步骤一　剥除绝缘皮，对折套在一起

使用剥线钳将单芯导线的绝缘皮剥除 2~3cm，露出铜芯线，然后将铜芯线向内折弯 180°，弯角处保持圆润。将折弯后的两根铜芯线铰接在一起。两根铜芯线套上后，使用电工钳将中心位置夹紧，使两股铜芯线紧贴在一起。应注意的是，中心位置的夹紧程度应适可而止，以防铜芯线被夹断。

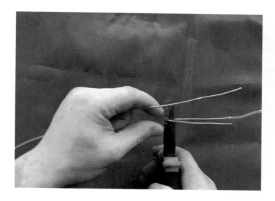 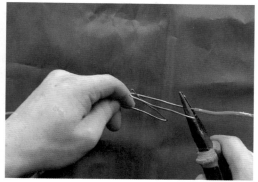

剥除并对折

步骤二　缠绕导线

使用钳子夹住右侧的铜芯线，然后用电工钳将左侧的铜芯线进行顺时针缠绕。缠绕要求紧实，不可留缝隙。每缠绕 2~3 圈检查一次线圈的紧实度。采用相同的方法将右侧的线圈缠绕 5~6 圈，将多余的铜芯线剪掉。

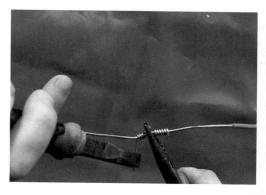 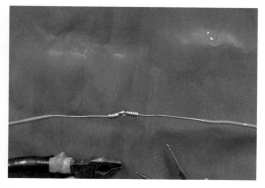

缠绕导线

4
电路系统

（2）缠绕卷法连接

步骤一　准备两根导线、一根铜芯线和一根绑线

先将要连接的两根导线接头对接，中间填入一根同直径的铜芯线，然后准备一根同直径的足够长绑线，准备缠绕。

⇨扫码观看
单芯导线的缠绕
卷法连接

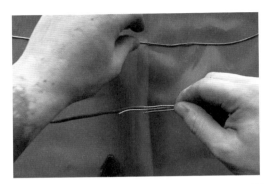

准备材料

步骤二　向右侧缠绕绑线，并对折铜芯线

将绑线缠绕在三根铜芯线上。从中心位置开始，分别向左、右两侧缠绕。先将绑线向右侧缠绕5~6圈，然后将多余的绑线线芯剪断。将中间填入的铜芯线向内侧折弯180°，使其贴紧绑线。

向右侧缠绕绑线，并对折铜芯线

步骤三　向左侧缠绕绑线，并对折铜芯线

采用上述方法，将绑线向左侧缠绕5~6圈，将多余的绑线线芯剪断。将中间填入的铜芯线向内侧折弯180°，使其贴紧绑线。这种单芯导线的连接方法可增加导线的接触面积，使导线能承载更大的电流。

⇨扫码观看
直径不同的单
芯导线缠绕卷
法连接

向左侧缠绕绑线，并对折铜芯线

（3）"T"字分支连接

步骤一　准备两根铜芯线，剥除绝缘皮

⇨扫码观看
"T"字分支连接

准备两根铜芯线，一根从中间剥除绝缘皮，露出的线芯长度为 4~5cm。另一根从一端剥除绝缘皮，露出的线芯长度为 3~4cm。将支路铜芯线缠绕在干路铜芯线上。

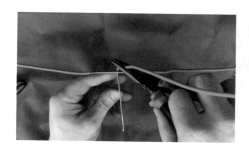
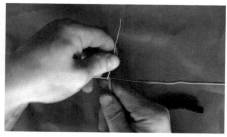

向左侧缠绕绑线，并对折铜芯线

步骤二　缠绕导线

将支路铜芯线围绕在干路铜芯线上，先向左侧缠绕一圈，接着将铜芯线向右侧折弯，然后将铜芯线向右侧缠绕 5~6 圈，最后剪去多余的线芯。

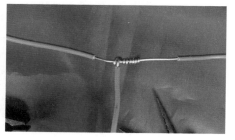

缠绕导线

（4）"十"字分支连接

步骤一　准备两根铜芯线，剥除绝缘皮

准备三根铜芯线，一根从中间剥除绝缘皮，露出的线芯长度为5~6cm。另外两根分别从一端剥除绝缘皮，露出的线芯长度为3~4cm。三根铜芯线呈十字形摆放在一起。先将两根支路铜芯线折弯180°，然后与干路铜芯线交叉连接在一起。

⇨扫码观看
"十"字分支连接

准备两根铜芯线，剥除绝缘皮

步骤二　向左侧、右侧缠线

①交叉好后，将下侧的支路铜芯线向左侧弯曲缠绕，将上侧的支路铜芯线向右侧弯曲缠绕。将铜芯线向左侧缠绕5~6圈后，剪掉多余的线芯，并用电工钳拧紧，起到加固作用。

②将铜芯线向右侧以同样方法缠绕5~6圈，剪掉多余的线芯。在缠绕过程中，用钳子固定住左侧的线圈，防止缠绕过程中线圈移位。

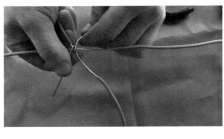

向左侧、右侧缠线

（5）单芯导线接线圈制作

步骤一　剥除绝缘皮

准备一颗螺钉、一根铜芯线和一把电工钳。将绝缘层剥除，在距离绝缘层根部 5mm 处向一侧折角。

⇨扫码观看
单芯导线接线圈
制作

步骤二　弯曲导线，剪掉多余部分

以略大于螺钉直径长度的弯曲圆弧，将铜芯线围绕螺钉弯曲，然后将多余的线芯剪掉。

剥除绝缘皮

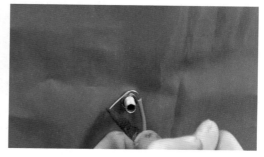

弯曲导线，剪掉多余部分

步骤三　修正圆弧

修正圆弧使铜芯线的线圈完美契合螺钉。

步骤四　制作完成

制作完成后，要求接线圈弧度圆润，没有棱角。

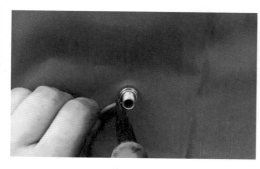

修正圆弧

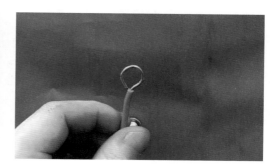

制作完成

（6）单芯导线暗盒内封端制作

步骤一　剥除绝缘皮

如下图（左）所示，剥除导线绝缘层 2~3cm，将两根铜芯线捋直，准备缠绕。

⇨扫码观看
单芯导线暗盒内
封端制作

4
电路系统

步骤二 开始缠绕导线

以一根铜芯线为中心，将另一根铜芯线围绕其缠绕。缠绕的起点距离绝缘层 5mm。

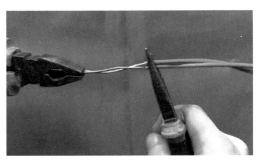 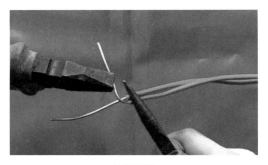

剥除绝缘皮　　　　　　　　　　　　　　　缠绕导线

步骤三 同一方向缠绕 4~6 圈

同一方向缠绕 4~6 圈。缠绕过程中保证线圈的紧实度。

步骤四 剪掉多余线芯

将多余的线芯剪掉。应注意的是，剪掉线芯的位置应距离线圈 1cm，将预留线芯折回并压紧。

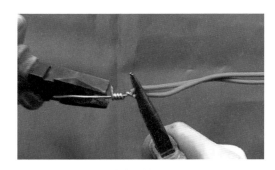 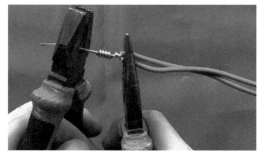

同一方向缠绕 4~6 圈　　　　　　　　　　剪掉多余线芯

步骤五 制作完成

将线芯向右侧折弯 180°，与线圈压紧，以不能晃动为标准。制作完成后，缠绕绝缘胶布以保护线芯。

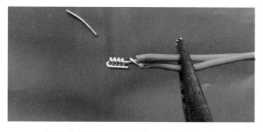

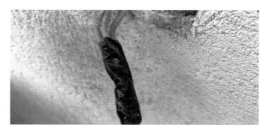

线芯向右侧折弯 180°，与线圈压紧　　　　　缠绕绝缘胶布，制作完成

4.10.2 多股导线连接

（1）缠绕卷法连接

步骤一　导线呈现伞状，然后互相插嵌到一起

将多股导线顺次解开成 30° 伞状，将各自张开的线芯相互插嵌，直到每股线的中心完全接触。然后将张开的各线芯合拢、捋直。

⇨扫码观看
多股导线的缠绕
卷法连接

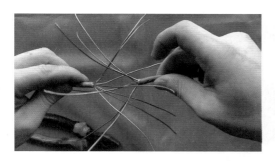

展线呈现伞状，然后互相插嵌到一起

步骤二　缠绕导线

取任意两股向左侧同时缠绕 2~3 圈后，另换两股缠绕，把最先缠绕的两股压在里面或把多余线芯剪掉，再缠绕 2~3 圈后采用同样方法，调换两股缠绕。先用钳子将左侧缠绕好的线芯夹住，然后采用同样的方法缠绕右侧线芯，每两股为一组。

每两股缠绕 2~3 圈，直至所有铜芯线缠完

步骤三　用钳子绞紧，增强稳固度

所有线芯缠绕好之后，使用电工钳绞紧线芯。绞紧时，电工钳要顺着线芯缠绕方向用力。

用钳子增强稳固度

（2）"T"字分卷法连接

步骤一　支路导线分成两股，捋直后开始缠绕

将支路线芯分成左右两部分，擦干净之后捋直，各折弯90°，依附在干路线芯上。将左侧的几股线芯同时缠绕在干路线芯上。

⇨扫码观看
"T"字分卷法连接

支路导线分成两股，捋直后开始缠绕

步骤二　支路线芯缠绕4~6圈，用电工钳调整紧实度

先将几股线芯同时向左侧缠绕4~6圈，然后用电工钳剪去多余的线芯。采用同样方法将右侧几股线芯缠绕4~6圈，并剪去多余的线芯。连接完成后，先转动线芯查看连接的紧实度，然后用电工钳及时调整。

支路线芯缠绕4~6圈，用电工钳调整紧实度

（3）"T"字缠绕卷法连接

步骤一 支路线芯贴近干路线芯，并围绕其缠绕

⇨ 扫 码 观 看
"T"字缠绕卷法
连接

将支路线芯捋直，并折弯90°，与干路线芯贴紧摆放。

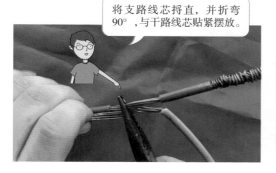

从支路线芯的一端开始缠绕干路线芯。注意，缠绕要从支路线芯的中间位置开始，而不是从支路线芯的根部开始。

步骤二 支路线芯缠绕 4~6 圈，用电工钳绞紧

先将支路线芯缠绕至导线根部，缠 4~6 圈，然后剪去多余的线芯。支路线芯缠绕好之后，用电工钳绞紧线芯，增加紧实度。线芯全部缠绕好后，调整支路导线，使其与干路导线成 90° 角。

支路线芯缠绕 4~6 圈，用电工钳绞紧

（4）单芯导线与多股导线的"T"字分支连接

步骤一 准备导线，开始缠绕

先准备好导线，再将单芯导线与多股导线进行缠绕连接。

⇨ 扫 码 观 看
单芯导线与多股
导线的"T"字分
支连接

将多股导线的线芯拧成麻花形状，然后准备一根单芯导线，将线芯捋直，准备缠绕。

将单芯导线和多股导线的根部对接，然后开始缠绕单芯线芯。

步骤二　完成，剪去多余线芯

单芯线芯向左侧缠绕 6~8 圈，剪去多余的线芯即可。

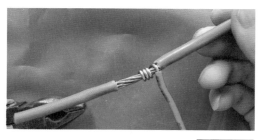

缠绕完成，剪去多余的线芯

⟹扫码观看
同一方向多股导
线连接

（5）同一方向多股导线连接

步骤一　剥除导线绝缘皮并交叉

步骤二　拧动导线

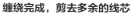

将两根多股导线的绝缘皮去掉相同的长度，并将线芯捋直，呈"X"形交叉摆放在一起。

用钳子夹住线芯"X"形交叉的中心，并顺着同一方向拧动，将多股线芯互相缠绕在一起。同时用电工钳夹住两根导线根部保持不动。

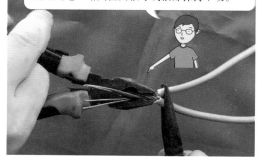

剥除导线绝缘皮并交叉

拧动导线

步骤三　缠绕导线

步骤四　剪掉多余线芯

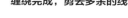

多股线芯互相缠绕 4~5 圈，缠绕方式类似于两股导线搅在一起。

用钳子将缠绕好的多股线芯捋直、拧紧，并剪掉多余的线芯。

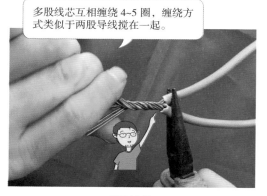

缠绕导线

剪掉多余线芯

（6）同一方向多股导线与单芯导线连接

步骤一　剥除导线绝缘皮，准备缠绕导线

将单芯导线和多股导线的绝缘皮去掉，多股导线所露出的线芯长一些。用电工钳固定住两根导线的根部，并以单芯导线为中心，多股导线缠绕在其上。

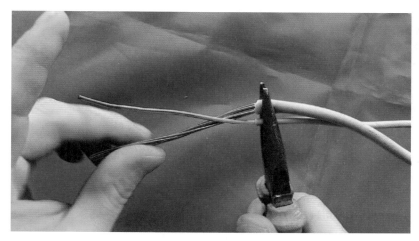

⇨ 扫 码 观 看
同一方向多股导线
与单芯导线连接

剥除导线绝缘皮，准备缠绕导线

步骤二　缠绕导线，弯折单芯导线

多股导线围绕单股导线缠绕 5~6 圈，并剪去多余的线芯。然后将单芯导线向内折弯180°，紧贴在多股导线的线圈上。

步骤三　接线完成

单芯导线向内折弯的长度约等于多股导线线圈的一半，若长度过长，则可剪掉一部分线芯。

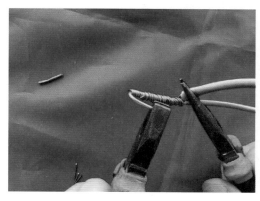

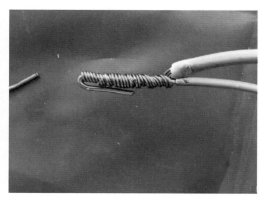

缠绕导线，弯折单芯导线　　　　　　　　　　接线完成

4
电路系统

（7）多芯护套线或多芯线缆连接

步骤一　剥除导线绝缘皮并交叉

将多芯护套线的绝缘皮去掉，并呈"X"形交叉在一起，准备连接。

⇨扫 码 观 看
多芯护套线或多
芯线缆连接

步骤二　拧动导线

用拇指和食指的指腹搓拧两股线芯，使它们彼此缠绕在一起，用钳子剪去多余的线芯。

剥除导线绝缘皮并交叉　　　　　　　　　　　**拧动导线**

步骤三　缠绕导线

采用同样的方法缠绕另外两股线芯。缠绕过程中保证线芯的紧实度，并处理好线头，使其不松散。制作完成后，将连接处压平，与护套线贴在一起。

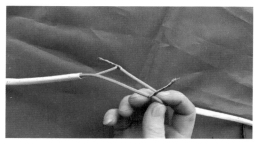

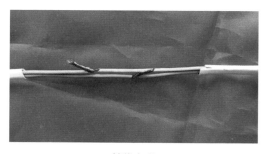

缠绕导线　　　　　　　　　　　　　　　**接线完成**

（8）多股导线出线端子制作

步骤一　导线拧紧呈麻花状，弯曲成"Z"字形

将多股导线拧成麻花状，并保持线芯平直。选取线芯的两个支点，各弯折90°，形状类似于字母"Z"。

⇨扫 码 观 看
多股导线出线端
子制作

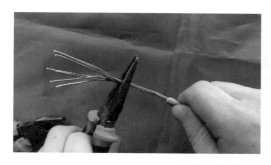

导线拧紧呈麻花状，弯曲成"Z"字形

步骤二　线芯弯曲成"U"字形，内侧留出圆环

以内侧支点为中心，将线芯向内弯曲成"U"字形。将线芯的根部并拢在一起，并留出一个大小适当的圆环。

线芯弯曲成"U"字形，内侧留出圆环

步骤三　缠绕线芯根部 2~3 圈，修正圆环

用钳子夹住圆环，用电工钳将根部线芯分成两股，分别缠绕干路线芯 2~3 圈，剪去多余的线芯。修正圆环的形状，直到没有明显的棱角。

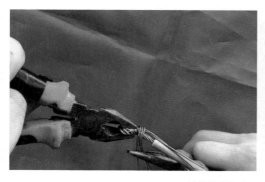

缠绕线芯根部 2~3 圈，修正圆环

4.10.3 开关接线

（1）单开单控接线

步骤一　导线插入火线接口 L1

先将火线 1 的纯铜线芯插入火线接口 L1，然后用十字螺丝刀按照顺时针方向转动，将纯铜线芯拧紧。

⇨扫码观看
单开单控接线

步骤二　另一根导线插入火线接口 L

先将支路线芯缠绕导线根部，缠 4~6 圈，然后剪去多余的线芯。支路线芯缠绕好之后，用电工钳绞紧线芯，增强紧实度。线芯缠绕好之后，调整支路导线，使其与干路导线成90°角。

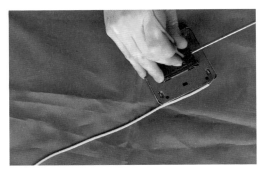

导线插入火线接口 L1

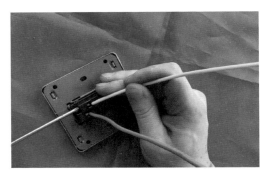

另一根导线插入火线接口 L

步骤三　接线完成

接线完成。开合开关以检测灯具照明是否正常。

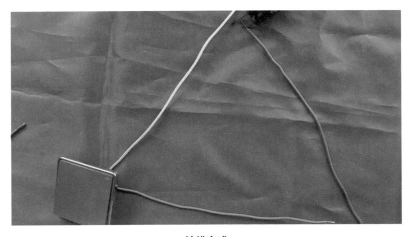

接线完成

（2）单开双控接线

步骤一　准备导线和开关面板

准备 5 根导线，其中 4 根是火线，1 根是零线。并准备两个单开双控开关，按照合适的方式摆放，准备接线。

⇨扫码观看
单开双控接线

步骤二　连接干路火线

首先连接干路火线。先将干路火线 1 的纯铜线芯插入右侧开关火线接口 L，然后将干路火线 2 插入左侧开关火线接口 L，并用十字螺丝刀拧紧。

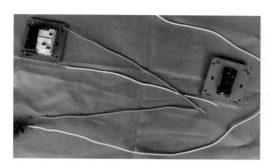

准备导线和开关面板

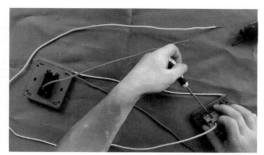

连接干路火线

步骤三　连接支路火线

依次连接支路火线。先将支路火线 1 分别插入两个开关的火线接口 L1，然后将支路火线 2 分别插入两个开关的火线接口 L2，并用十字螺丝刀拧紧。

步骤四　接线完成

接线完成。开合开关以检测灯具照明是否正常。

4
电路系统

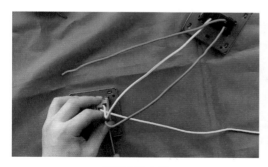

连接支路火线

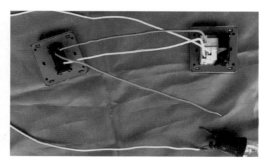

接线完成

（3）双开单控接线

步骤一　准备导线和开关面板

准备一个双开单控开关、一根跳线、一根干路火线、两根支路火线、两根零线，准备接线。

➡扫码观看
双开单控接线

步骤二　连接跳线

先将跳线两端分别插入两个火线接口 L1 中，然后用十字螺丝刀拧紧其中一个接口，另一个接口准备连接干路火线。

准备导线和开关面板

连接跳线

步骤三　连接干路火线

先将干路火线插入火线接口 L1 中，与跳线连接在一起，然后用十字螺丝刀将两根线芯拧紧。

步骤四　连接支路火线

先将支路火线 1 和支路火线 2 分别插入两个火线接口 L2 中，然后用十字螺丝刀拧紧。

连接干路火线

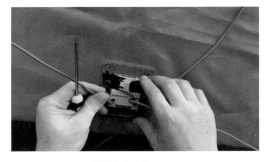

连接支路火线

步骤五 连接完成

所有导线连接完成后，先用手轻微拉拽导线，看连接是否牢固。然后开合开关以检测灯具照明是否正常。

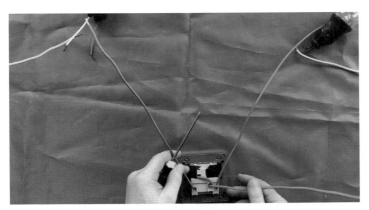

接线完成

（4）双开双控接线

步骤一 准备导线和开关面板

准备 2 个双开双控开关、2 根接入照明灯具的支路火线、4 根连接 2 个开关的支路火线、1 根跳线、1 根接入空开的干路火线以及 2 根接入照明灯具的零线。

扫码观看
双开双控接线

步骤二 连接跳线

将跳线插入火线接口 L1 和火线接口 L2，用十字螺丝刀拧紧其中一个火线接口，另一个火线接口准备接入干路火线。

4
电路系统

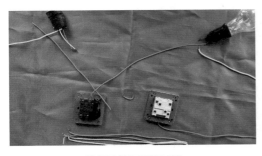

准备导线和开关面板

连接跳线

步骤三　连接干路火线

先将干路火线插入火线接口 L1 或 L2 中，然后和跳线一起拧紧。

步骤四　连接 4 根支路火线

依次将 4 根支路火线插入火线接口 L11、火线接口 L12、火线接口 L21 和火线接口 L22 中，用十字螺丝刀拧紧。在实际操作过程中，可选择两种不同颜色的导线，以便区分。

连接干路火线

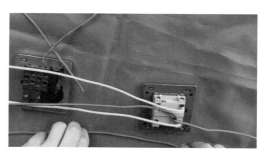

连接 4 根支路火线

步骤五　4 根支路火线连接到另一个开关中

将 4 根连接好的支路火线按照上述顺序依次插入另一个开关中，并用十字螺丝刀拧紧。

步骤六　连接照明接线端的支路火线

开始接入连接照明接线端的支路火线。将 2 根支路火线依次插入火线接口 L1 和火线接口 L2 中，拧紧后再与照明接线端相连。

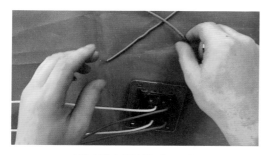

4 根支路火线连接到另一个开关中

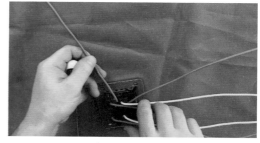

连接照明接线端的支路火线

步骤七　连接完成

开关接线完成后，用十字螺丝刀将所有的接线口再次绞紧，确保线路连接牢固。

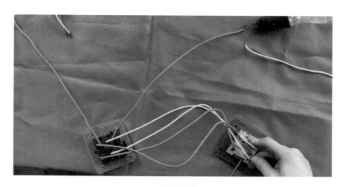

接线完成

4.10.4　插座接线

（1）五孔插座接线

准备 3 根导线，红色的为火线，绿色的为零线，黄色的为地线。将绿色的零线、黄色的地线和红色的火线按照顺序依次插入五孔插座接口，并用十字螺丝刀拧紧。连接完成后，依次拽动导线检查连接是否牢固，用十字螺丝刀再次绞紧。

⇨扫码观看
五孔插座接线

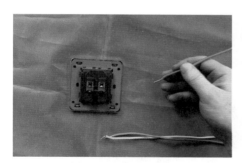

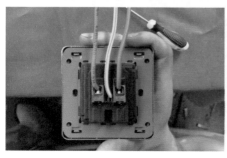

五孔插座接线

（2）九孔插座接线

准备 3 根导线，红色为火线，黄色为地线，绿色为零线；准备 6 根跳线，红色为火线，黄色为地线，蓝色为零线。然后按照九孔插座的火线、地线和零线接口，依次将导线接入其中，并用十字螺丝刀拧紧。九孔插座的接线细节需要注意的是，火线和零线一定要分开，避免太近导致电路串联、短路。而地线则可不用固定位置，连接在火线一端或零线一端都没有问题。

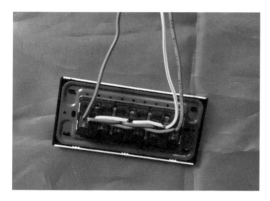 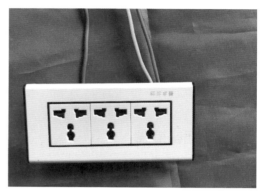

九孔插座接线

（3）带开关插座接线

步骤一　准备导线，连接跳线

准备 3 根导线，红色为火线，绿色为零线，黄色为地线。然后准备 1 根跳线，用于连接开关和插座。先连接跳线，将跳线折成"U"字形，两端铜芯分别插入开关火线 L1 和插座火线 L 中，并用十字螺丝刀拧紧。

➡扫码观看
带开关插座接线

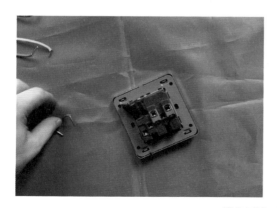 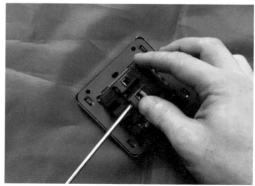

准备导线，连接跳线

步骤二　连接火线、地线和零线

　　先将火线插入开关火线 L，用十字螺丝刀拧紧。保持火线在跳线的上面，便于后续的电路接线。然后将地线插入地线接口，零线插入零线接口 N，用十字螺丝刀拧紧。

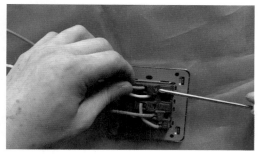

连接火线、地线和零线

步骤三　接线完成

　　下图是接线完成后开关背面和正面图，左侧的开关控制着右侧五孔插座的通电情况。

接线完成

4.10.5　弱电接线

（1）电视线接线

步骤一　剥除绝缘层

　　将电缆端头剥开绝缘层，露出的芯线长约 20mm，露出的金属网屏蔽线长约 30mm。

步骤二　接线

　　将电缆横向从金属压片穿过，芯线接中心，屏蔽网用压片压紧，然后拧紧螺钉。

剥除绝缘层

接线

步骤三　安装并固定暗盒

将电视插座安装到暗盒中，用螺丝刀将两侧的螺钉拧紧。将面板扣上，电视线接线完成。

安装并固定暗盒

（2）电话线接线

步骤一　准备导线，连接跳线

先将电话线外层绝缘皮去掉 50mm，接着将 4 根线芯的绝缘皮去掉 20mm。然后将 4 根线芯按照盒上的接线示意连接到端子上，有卡槽的放入卡槽中固定好。电话插座经常挨着普通插座，因为彼此顶部要平齐，中间不能留缝隙。

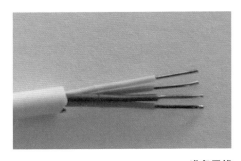

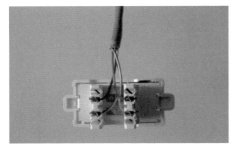

准备导线，连接跳线

步骤二　安装并固定暗盒

将电话插座安装到暗盒中，用螺丝刀将两侧的螺钉拧紧。将面板扣上，电话线接线完成。

安装并固定暗盒

（3）网络线接线

步骤一　剥除塑料套，每两根一股插入色标中

将距离端头 20mm 处的网络线外层塑料套剥去，注意不要破坏线芯，将线芯散开。

然后将网络线线芯按照色标分类，每 2 根线芯拧成一股。

接下来插线，每孔插入 2 根线，色标下方有 4 个小方孔，分为 A、B 色标，一般用 B 色标。

步骤二　扣紧色标盖，检查色标与线芯的连接细节

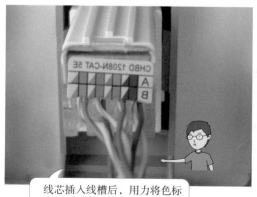

线芯插入线槽后，用力将色标盖扣紧。

接线完成后，检查色标与线芯的连接是否正确，若没有问题再安装到暗盒中。

4.11 电路现场施工

4.11.1 电路工艺流程

| **电路定位** 查看施工图纸，掌握不同电路的情况 | ≫ | **电路画线** 根据图纸在墙面上画线 | ≫ | **电路开槽** 顺着线在墙面开槽，不同位置开槽深度不同 | ≫ | **穿线管加工** 使用不同的部件，将穿线管连接成一个整体 |

≫

| **封槽，检测** 将线槽用水泥砂浆封闭，而后对线路进行检测 | ≪ | **管卡固定** 导线在穿线管中穿好之后，将穿线管摆正，用管卡固定 | ≪ | **穿线** 使用工具辅助，将导线穿入穿线管中 | ≪ | **预敷设穿线管** 将穿线管敷设到指定的位置 |

4.11.2 电路定位

电路定位是将室内原有的不合理的电路位置重新改造，规划到合适的位置。电路定位应充分照顾到室内的每一处空间、每一个角落，按照下列步骤进行，可提高效率。

步骤一 查看现场

了解原有户型中所有的开关、插座以及灯具的位置，并对照电路布置图纸，确定需要改动的地方。

> 初步定位时采用粉笔画线，并在上面标记出线路走向以及定位高度。

步骤二 从入户门开始定位

从入户门开始定位，确定开关及灯具的位置，然后在需要的位置安排插座。

步骤三 客厅定位

①确定灯具和开关的线路走向，考虑双控开关安装位置。若餐厅为敞开式，与客厅连在一起，就将餐厅主灯开关与客厅主灯开关布设在一起。

②确定电视墙的位置，分布电视线、插座以及备用插座，并排排布在一条直线上；将电话线排布在沙发墙角几的一端，排布角几备用插座。

步骤四　餐厅定位

围绕餐桌排布备用插座。餐桌临墙，插座则设计在墙上，反之则设计为地插。面积较小的角落式餐厅，插座应设计在餐桌所靠的墙面上，开关则设计在靠近过道与厨房的位置；餐厅灯具线路和玄关、过道灯具线路要分开，不能布设在一起。

步骤五　卧室定位

①卧室开关需定位在门边，与门边保持 150mm 以上的距离，与地面保持 1200~1350mm 的距离；床头一侧需布设灯具双控开关，与地面保持 950~1100mm 的距离。

②卧室床头柜两侧，各安装两个插座，其中一侧预留电话线、网络线端口。

③卧室内的空调插座，应定位在侧边靠墙角的位置，或空调的正下方；卧室内的电视插座与电视线端口，应布置在床对侧墙面的中间，而不应靠近窗户；床头双控开关应安装在床头柜插座的正上方。

步骤六　书房定位

书房开关定位在门口，灯具定位在房间中央。插座多布设几个，分布在书桌周围。

步骤七　卫生间定位

卫生间灯具定位在干区的中央，浴霸、镜前灯等开关定位在门口，并设计防水罩。坐便器位置的侧边，需预留一个插座。洗手柜的内侧，需预留一个插座。

步骤八　厨房定位

厨房灯具定位在房间的中央，灯具开关定位在门口。插座多布设几个，分布在吊柜与地柜的中间。

步骤九　过道定位

长过道的灯具间距要保持一致，在过道两头设计双控开关。

4.11.3 电路画线

画线的重点在于将开关、插座、灯具以及弱电的端口用文字标记清楚，线路走向应画出来。在实际的画线过程中，可使用水平尺、86暗盒等辅助画线。画线的具体步骤如下。

步骤一　安装位置画线

在强电箱、开关、插座、网络线等端口处做文字标记。

强电箱画线

弱电箱画线

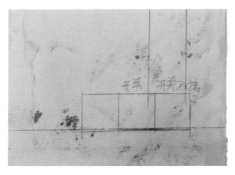

开关画线

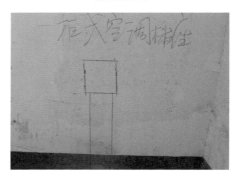

插座画线

步骤二　画出导线走向

当开关、插座、灯位以及弱电箱等端口确定后，画出导线的走向。

墙面上的电路画线，只可竖向或横向，不可走斜线，尽量不要交叉；墙面导线向地面衔接时，需保持线路平直，不可歪斜。

地面的电路画线，不能靠墙面太近，最好保持 300mm 以上的距离，可避免后期墙面木作施工时，对电路造成损坏。

4.11.4 线路开槽

步骤一　墙面开槽

①使用开槽机按照画线开竖槽，然后开横槽。

⇨扫码观看
电路墙面开槽

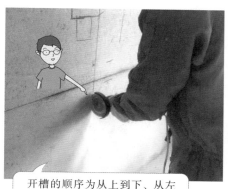

开槽的顺序为从上到下、从左到右。

开槽机开出的线槽要横平竖直，暗盒的位置按照画线处理为正方形。

②开槽机开好线槽后，使用冲击钻将线槽内的混凝土铲除。

该方法可避免破坏线槽的侧边，使施工效果更好。

暗盒内的混凝土也要清理干净，清理后的效果可参考图片。

③所有线路的开槽不可交叉，遇到交叉处，需转 90° 角避开。

电视墙 50 管的开槽宽度是穿线管线槽的 3 倍。

当遇到两个暗盒并联的情况时，应采用统一的开线槽。

4
电路系统

步骤二 地面开槽

①开槽需严格按照画线标记进行，地面开槽的深度不可超过 50mm。

②地面 90° 转角开槽的位置，需切割出一块三角形，以便于穿线管的弯管。

开槽过程中，可采用浇水的方式以减少灰尘。

转角处理可以参考图中的效果，转角的三角形不可过小。

4.11.5 电路布管

（1）穿线管加工

穿线管的弯管

①冷揻法（管径 ≤ 25mm 时使用）的操作方法如下。

断管：小管径的线管可使用剪管器，大管径的线管可使用钢锯断管，断口应锉平、铣光。

揻弯：如下图所示，将弯管弹簧插入 PVC 管需要揻弯处，两手抓牢管子两头，将 PVC 管顶在膝盖上，用手扳，逐步揻出所需弯度，然后抽出弯管弹簧。

 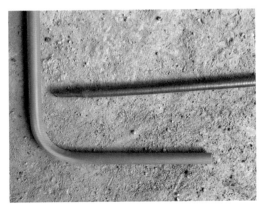

弯管弹簧弯管

②热搋法（管径 > 25mm 时使用）的操作方法如下。

加热线管：首先将弯管弹簧插入管内，用电炉或热风机对需要弯曲的部位进行均匀加热，直到可以弯曲为止。

弯管：将管子的一端固定在平整的木板上，逐步搋出所需要的弯度，然后用湿布抹擦弯曲部位使其冷却定型。

直接配件的连接

①准备一个直接接头，若穿线管为三分管，则准备三分管直接配件；若穿线管为四分管，则准备四分管直接配件。

弯管

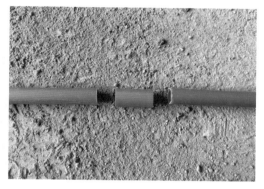
准备配件

②将准备好的两根穿线管，各自插入直接的一段，拧紧即可。

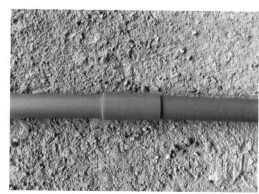

连接穿线管

绝缘胶带缠绕连接

①准备一根长度为 100~150mm 的穿线管，用电工刀将穿线管豁开。

②用豁开的穿线管将需要连接的两根穿线管包裹起来，然后用黑胶带将豁开的穿线管缠绕起来。

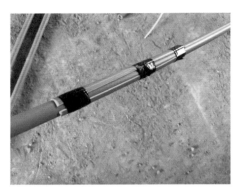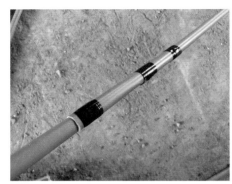

绝缘胶带缠绕连接

四分管套三分管连接

①准备 1 根四分管、1 根三分管，然后将 2 根穿线管的端口对齐摆放好。

②将三分管插入四分管中，深度在 100~200mm。若想要增强牢固度，可在三分管和四分管的接口处缠绕绝缘胶布，以防止穿线管移位。

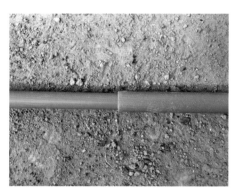

四分管套三分管连接

穿线管与暗盒连接

①如下页图所示，准备暗盒、锁扣、锁母以及穿线管。将暗盒上的圆片去掉，准备安装锁母。

②如下页图所示，将锁母安装到暗盒中，然后将锁扣与锁母拧紧。

③如下页图所示，将穿线管固定到锁扣中，安装牢固。

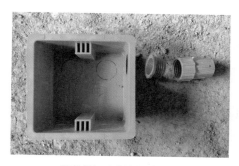

穿线管与暗盒连接（一）

穿线管与暗盒连接（二）

穿线管与暗盒连接（三）

穿线管与暗盒连接（四）

（2）敷设穿线管

敷设穿线管的要求

按合理的布局要求敷设穿线管，暗埋穿线管外壁距墙表面不得小于 30mm。

⇨扫 码 观 看
敷设穿线管

敷设穿线管

弯管必须使用弯管弹簧

PVC 管弯曲时必须使用弯管弹簧，弯管后将弹簧拉出，弯曲半径不宜过小，在管中部弯曲时，在弹簧两端拴上铁丝，以便于拉动。

弯管的安装

将弯管安装在墙地面的阴角衔接处。安装前，需反复弯曲穿线管，以增强其柔软度。

穿线管与暗盒、线槽、箱体的连接

穿线管与暗盒、线槽、箱体连接时，管口必须光滑，暗盒外侧应套锁母，内侧应装护口。

⇨ 扫码观看
暗盒预埋

安装弯管　　　　　　　　　　　　　**暗盒安装锁母、锁扣**

敷设穿线管注意事项

敷设穿线管时，直管段超过 30m、含有一个弯头的管段超过 20m、含有两个弯头的管段超过 15m、含有三个弯头的管段超过 8m 时，应加装暗盒。

弱电与强电相交时，需包裹锡箔纸隔开，以起到防干扰的作用。

为了保证不因穿线管弯曲半径过小而导致拉线困难，穿线管弯曲半径应尽可能地放大。穿线管弯曲时，半径不能小于管径的 6 倍。

敷设穿线管排列应横平竖直，多管并列敷设的明管，管与管之间不得出现间隙，拐弯处也一样。

弱电与强电相交处的处理　　**穿线管的弯曲角度**　　　**多管并列敷设**

在水平方向敷设的多管（管径不一样的）并设线路，一般要求小规格线管靠左，依次排列，以每根管都平服为标准。

4.11.6 电路穿线

（1）穿线

步骤一 剥除导线的绝缘皮

准备好需要穿线的导线，去除导线的绝缘层，露出 100~200mm 的线芯。

步骤二 捆绑线芯

用电工钳将线芯向内弯曲成"U"字形，三股线并成一股，选择其中一根线芯将所有线芯捆绑在一起。

步骤三 穿线入管

将铁丝穿入线芯的圆孔中，并拧紧铁丝，以防止穿线的过程中脱落，然后将铁丝穿入穿线管。穿线完成后，将线芯端头剪掉即可。

捆绑线芯   穿线入管

（2）管卡固定

地面管卡固定

地面采用暗管敷设时，应加固管夹，卡距不超过 1m。需注意的是，在预埋地热管线的区域内严禁打眼固定。

墙面管卡固定

墙面的管卡需要每隔 300~400mm 固定一个，在转弯处应增设管卡。

顶面管卡固定

顶面的管卡每隔 500~600mm 固定一个，接近线盒和穿线管端头的位置需要增设管卡。

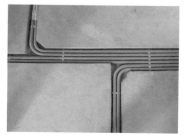

地面管卡固定   墙面管卡固定   顶面管卡固定

4.11.7 电路检测

步骤一　测试插座

用电笔测试每个房间中的插座是否通电，若有不通电的应及时检修。

步骤二　做满负荷试验

开启所有电器，进行24h的满负荷试验，检测电路是否存在问题、空开是否经常跳闸。

步骤三　检查插座、开关位置

检查线路的走向是否符合设计的具体要求，所有的插座、开关位置是否正确。

步骤四　断电检查控制

拉下电表总闸，看室内是否断电，检查其是否能控制室内的灯具及室内各插座（总闸：商品房位于楼道内，独栋类别墅在室内）。

步骤五　检查电箱

电箱内的每个回路都应粘贴上对应的回路名称，例如卧室、厨房，若有进一步的细分也应标注。

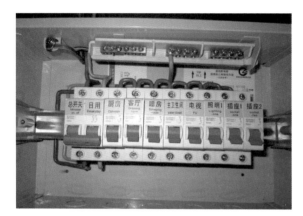

检查电箱

4.12 电路常用设备安装

4.12.1 配电箱安装

（1）强电箱安装

步骤一　定位画线、剔出洞口

根据预装高度与宽度定位画线。如下页图所示，用工具剔出强电箱的安装洞口，敷设管线。

步骤二　稳埋强电箱

将强电箱箱体放入预埋的洞口中稳埋。

剔出洞口

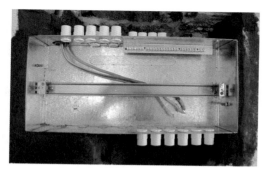

稳埋强电箱

步骤三　接线、检测

将线路引进电箱内，安装断路器并接线。

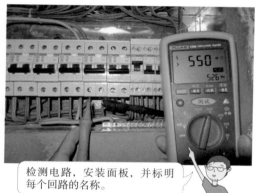

检测电路，安装面板，并标明每个回路的名称。

（2）弱电箱安装

步骤一　定位画线、剔出洞口

根据预装高度与宽度定位画线。用工具剔出弱电箱的安装洞口，敷设管线。

步骤二　稳埋弱电箱

将弱电箱箱体放入预埋的洞口中稳埋。

步骤三　压接插头、安装模块

根据线路用处的不同压制相应的插头。测试线路是否畅通。安装模块条和面板。

剔出洞口

稳埋弱电箱

安装模块条

4.12.2 开关、插座的安装

(1) 暗盒预埋施工

步骤一 预埋线盒、敷设管线

按照稳埋盒、箱的正确方式将线盒预埋到位。管线按照布管与走线的正确方式敷设到位。

预埋线盒

步骤二 清洁线盒和导线

用錾子轻轻地将盒内残存的灰块剔掉，同时将其他杂物一并清出盒外，再用湿布将盒内灰尘擦净。如导线上有污物也应一起清理干净。

步骤三 接线

先将盒内甩出的导线留出 15~20cm 的维修长度，剥去绝缘层，注意不要破坏线芯，如开关、插座内为接线柱，将导线按顺时针方向盘绕在开关、插座对应的接线柱上，然后旋紧压头。

接线

（2）开关面板安装

步骤一　理线、盘线

理顺盒内导线，当一个暗盒内有多根导线时，导线不可凌乱，应彼此区分开。将盒内导线盘成圆圈，放置于开关盒内。电线的端头需缠绝缘胶布或安装保护盖，暗藏在暗盒内，不可外露。

理顺盒内导线

盘线

步骤二　接线、安装面板

准备安装开关前，用锤子清理边框。

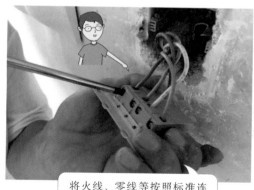

将火线、零线等按照标准连接在开关上。用水平尺找平，及时调整开关的水平度。

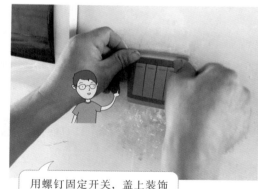

用螺钉固定开关，盖上装饰面板。螺钉拧紧的过程中，需不断调整开关的水平度，最后盖上面板。

（3）插座面板安装

插座安装有横装和竖装两种方法。横装时，面对插座，右极接火线，左极接零线。竖装时，面对插座，上极接火线，下极接零线。单相三孔及三相四孔的接地或接零线均应在上方。具体安装步骤如下。

步骤一　接线

火线、零线以及地线按照插座背板标识正确连接，并拧紧导线与开关的固定点。

步骤二　安装面板

用螺钉拧紧插座面板，并及时调整水平度。

接线

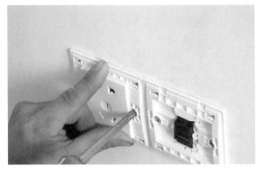

安装面板

4.12.3　常用灯具的安装

（1）吊灯、吸顶灯等大型灯具的安装

组装灯具主要指吊顶、吸顶灯等大型灯具，在安装之初，需要按照说明书将灯具组装起来，然后开始安装。其具体安装步骤如下。

步骤一　安装底座固定件

对照灯具底座画好安装孔的位置，打出尼龙栓塞孔，装入栓塞。将固定件安装到位。

步骤二　接线

将接线盒内的电源线穿出灯具底座，用线卡或尼龙扎带固定导线以避开灯泡发热区。

安装底座固定件

接线

步骤三　安装底座

用螺钉固定好底座。

步骤四　安装发光元件并测试

先安装发光元件。安装完成后，对发光元件进行检测，看能否正常照明。

步骤五　安装灯罩

按照说明书安装灯罩。

安装底座

安装发光元件并测试

安装灯罩

（2）筒灯、射灯的安装

步骤一　定位、开孔

按照筒灯（射灯）的安装位置做好定位，而后用开孔器在吊顶上钻孔。

步骤二　接线

将导线上的绝缘胶布撕开，并与筒灯（射灯）相连接。

开孔

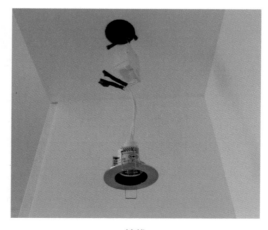
接线

步骤三　安装筒灯（射灯）

①将筒灯（射灯）安装到吊顶上，并按进去。

②开合筒灯（射灯）的控制开关，测试筒灯（射灯）照明是否正常。

将筒灯安装进吊顶内

（3）暗藏灯带的安装

步骤一　连接电源线与接线端子

将吊顶内引出的电源线与灯具电源线的接线端子进行可靠连接。

步骤二　将灯具电源插入灯具接口

将灯具电源线插入灯具接口。

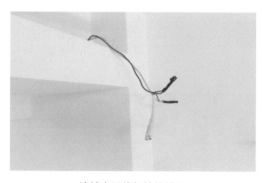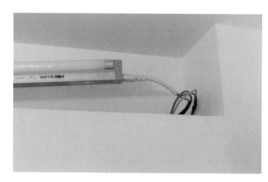

连接电源线与接线端子　　　　　　　　　　**将灯具电源线插入灯具接口**

步骤三　固定灯带

将灯具推入安装孔或者用固定带固定。

步骤四　调整灯具边框

调整灯具边框使其在正确的位置。

步骤五 测试

安装完成后开灯测试。

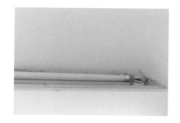
固定灯带

调整灯具边框

开灯测试

4.12.4 智能家居主机的安装

步骤一 安装硬件前面板

硬件前面板主要包括键盘和指示灯。键盘各键的功能随菜单的变化而变化。

步骤二 安装硬件后面板

硬件后面板包括各种接线端口，主要有 VGA 接口、视频接口、网络接口和电话接口等。

步骤三 安装摄像机

安装摄像机，连接视频线到视频输入接口，最多可接 4 路图像，其中，第一、第二路有无线和有线两种接入方式，可任意选择一种。

步骤四 安装有线探头、视频输出及无线探头

①安装并连接有线接入的各种探头。

②连接视频输出到电视机或监视器。

③安装无线接入的各种探头。若是单独购买的无线探头，需要先录入主机里，被主机识别认可后方可使用。

步骤五 安装智能家居无线控制开关

安装智能家居无线控制开关。若是单独购买的开关设备，需要先录入主机里，被主机识别认可后方可使用。

4.12.5 智能开关的接线

（1）单联智能开关接线

L 接入火线，单联智能开关只有一路 L1 输出。

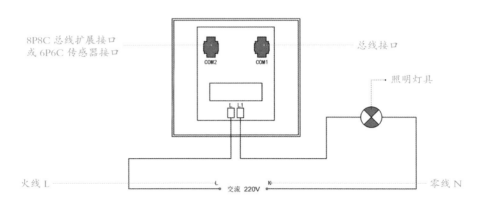

单联智能开关接线

（2）双联智能开关接线

L 接入火线，双联智能开关有两路（L1、L2）输出。

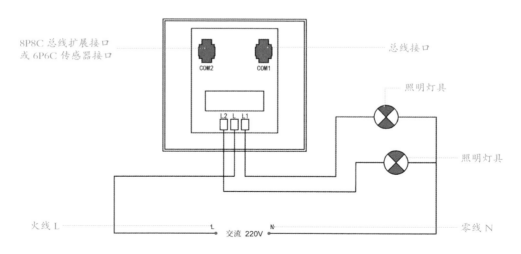

双联智能开关接线

（3）三联智能开关接线

L接入火线，三联智能开关有三路（L1、L2、L3）输出。

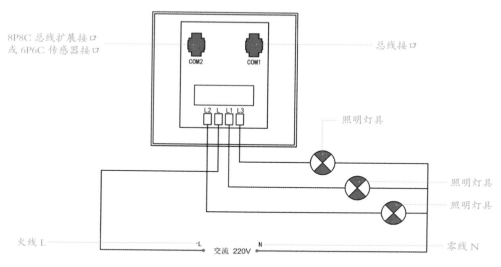

三联智能开关接线

4.12.6 智能插座的接线

智能插座的接线方式和传统插座的接线方式基本一致，不同的是，多出一个通信总线接口COM。智能插座只有一个通信总线接口COM（8P8C），将水晶头插入通信总线接口COM即可。

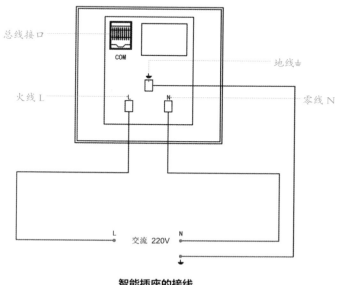

智能插座的接线

4.12.7 多功能面板的安装

① 要准确按多功能面板的背部标识正确接线。接线端子与插座以颜色配对，传感器接口为橙色对橙色，总线接口为绿色对绿色。

② 安装低压模块前要将接好线的面板组件安装在一起，然后用两个 M4×25 规格螺钉将低压模块安装并固定到墙面暗盒上。

③ 检测面板组件是否安装到位，以磁铁吸合的声音作为判断的标准。

④ 纸板可按箭头方向拔出，或插入面板侧面开槽（针对插纸型多功能面板）。

4.12.8 多功能面板的接线

当多功能面板不带有驱动模块时，多功能面板只需接入 COM1 通信总线即可。当相邻安装有其他智能设备时，可以通过总线拓展接线 COM2 连接到相邻智能设备的 COM1 接口。若选购的多功能面板规格指明 COM2 为传感器接口（即 6P6C 接口），则不能作为通信总线扩展接口使用。

当多功能面板带有驱动模块时，驱动模块可控制灯光、风扇、电控锁以及大功率设备等，具体接线方式有如下几种情况。

① 带单路驱动模块接线。L 接入火线，单路驱动模块只有一路 L1 输出。

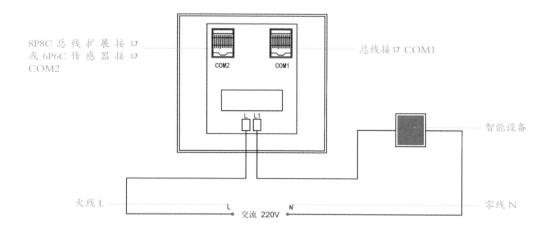

带单路驱动模块接线

② 带双路驱动模块接线。多功能面板带双路驱动模块时，有两路（L1、L2）输出，L 接入火线。

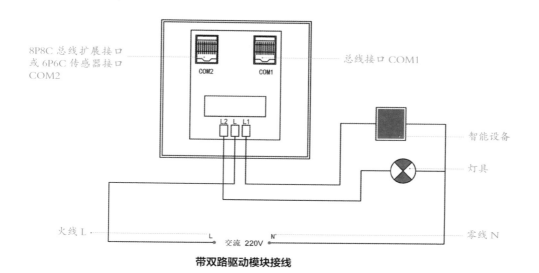

带双路驱动模块接线

③ 带三路驱动模块接线。多功能面板带三路驱动模块时，有三路（L1、L2、L3）输出，L 接入火线。

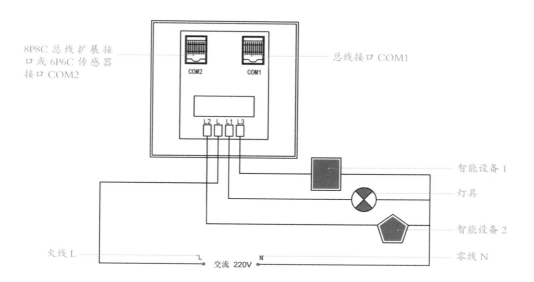

带三路驱动模块接线

④ 带四路驱动模块接线。多功能面板带四路驱动模块时，有四路（L1、L2、L3、L4）输出，L 接入火线。

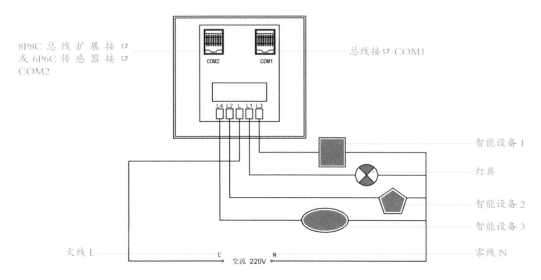

带四路驱动模块接线

⑤ 控制超大功率设备的接线。当控制对象为大于 1000W 而小于 2000W 的大功率设备时，可选用智能插座控制；当控制对象为大于 2000W 的超大功率设备时，也可选用带继电器驱动模块的多功能面板驱动一个中间交流接触器，再由交流接触器转接驱动超大功率设备。

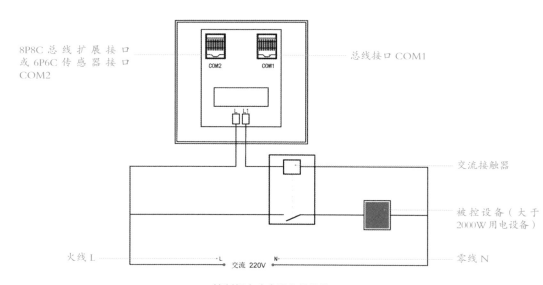

控制超大功率设备的接线

5

暖通系统

暖通系统在家装空间中最重要的作用莫过于供暖了。在家装中最常见的供暖方式有分体式空调、中央空调、地暖以及散热片四种，其中中央空调系统中还可以捎带地安装新风系统，起到供暖、通风以及净化空气的多重作用。在实际施工中，要根据空间的实际情况以及预算来选择合适的供暖方式。

5.1 分体式空调的设计与施工

5.1.1 分体式空调的设计

分体式空调通常是由室内机（内机）、室外机（外机）以及铜管等配件组成的。在设计过程中要重点注意空调的功率、室内机和室外机的尺寸以及两者之间的距离。

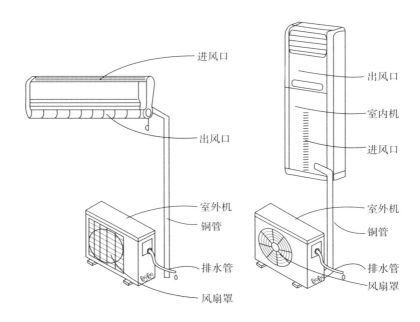

（1）分体式空调的功率选择

分体式空调的功率通常以制冷量的大小为依据，根据制冷量大致判定空调的匹数。一般情况下，2300~2600W 为 1 匹，3200~4000W 为 1.5 匹，5000~5200W 为 2 匹，6000W 为 2.5 匹，7200W 为 3 匹。对于住宅来说，通常客厅、餐厅面积比较大，冷暖负荷大，人员活动比较多，应选择 2 匹以上。而卧室、书房等面积比较小，冷暖负荷比较小，人员常处在静坐或睡眠状态，选择 1.5 匹以下。选择合适功率的分体空调既能保证住宅居住的舒适性，又能节约开支，低碳环保。

（2）室内机的位置

室内机的位置在设计时就需要考虑到其位置是否会与后期的立面造型、柜子等相互冲突。在客厅的室内机要考虑柜机的摆放位置是否与造型墙相冲突。卧室的室内机通常布置在床头或者床尾一侧。床头一侧的需要注意空调洞是否需要移位，插座位置是否会被后期安装的衣柜挡住。床尾一侧的则应避免室内机做在衣柜里或者衣柜上，若室内机放置处空间紧凑且通风散热不足，会严重影响到空调的使用效果。

（3）室内机与室外机之间的管道布置

室内机、室外机应尽量靠近，距离不应大于 6m(或厂家提供管线长度)。通常情况下室外机的位置确定好后，就会在室内相应的位置布置室内机，但更多的还是要以现场的情况为准，去做相应的调整。比如室外机位置比较高，可以将排水管和铜管分开布置，只要保证排水管低于室内机就好，而室外机则可上可下。若是室外机管道需要经过阳台，那么可以通过柜子来遮掩铜管，否则会影响美观。若是室内机和室外机距离较远，而中间的路径全做柜子又不方便，那么建议提前预埋铜管。在预埋铜管时需要考虑地面的找平厚度，若客厅阳台下沉高度足够，可以预埋 $\phi75mm$ 管，铜管和排水管一起布置。若是下沉高度不够，那么需要预埋两根 $\phi50mm$ 管，且铜管和排水管分开布置。

（4）室外机的位置

室外机在保证散热的前提下，应尽量设置在建筑物凹槽内、不封闭阳台上或其他对建筑物外观影响小的位置。而且要注意避免对上下左右的邻居造成噪声、冷凝水和热风污染，所以不能设置在邻户外墙或阳台侧墙上。

（5）室外机的遮掩

室外机正前方风扇出风口前遮掩物开孔率应大于 0.8，遮掩物应紧贴出风口。室外机进风口方向的遮掩物开孔率应大于 0.5，并注意防止进出风短路。遮掩物可为铁艺、栏杆、百叶，金属材料应防锈蚀。室外机无防雨要求，因此百叶无须向下倾斜，可水平安装或向上倾斜 (有利于散热)。

5.1.2 立式空调的布线与配线

立式空调的匹数（匹数指输出功率）较大，通常为 3 匹或者更多，因此需要配备 $4mm^2$ 导线。立式空调的布线位置在客厅或餐厅等面积超过 $25m^2$ 的空间，需要配 3 根导线，分别是火线、零线和地线。

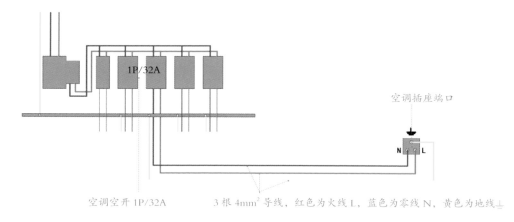

1P/32A

空调插座端口

N 🜨 L

空调空开 1P/32A　　　3 根 4mm² 导线，红色为火线 L，蓝色为零线 N，黄色为地线⏚

空调配线方式

红色穿线管为立式空调
的地面布线走线方法

立式空调布线效果图（一）

立式空调的布线端口，
内部有 3 根导线，分别
为火线、零线和地线

立式空调布线效果图（二）

5.1.3　挂式空调的布线与配线

　　挂式空调的匹数较小，一般为 1.5 匹或 2 匹，布线位置在卧室或书房等面积小于 20m² 的空间。挂式空调的配线平方数与立式空调相同，都为 4mm² 导线，两种空调受同一个空气开关控制。但在布线的位置上，挂式空调通常在距离地面 2000mm 左右的位置；而立式空调则在距离地面 350mm 左右的位置。

挂式空调的布线端口，内部有 3 根线，分别为火线、零线和地线，都是 4mm² 导线

挂式空调布线效果图（一）

红色穿线管从空气开关引线到挂式空调的位置

挂式空调布线效果图（二）

5.1.4　分体式空调的安装

　　步骤一　连接室内、室外机的铜管

　　将室外机的铜管拆开顺直，根据位置调整好输出、输入管的方向和位置，并在室内机的安装方向上做好开口。调整室内机铜管的方向，拆除室内机铜管堵头，将室内机和室外机的铜管连接起来，连管时先连接低压管，后连接高压管，用手将连接螺母拧到螺栓底部，再用两个扳手固定、拧紧。而后用胶带将外部缠牢固。

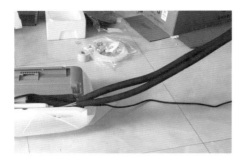
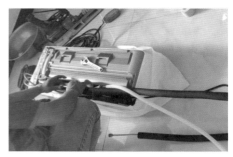

连接室内、室外机的铜管

步骤二　固定室内机的安装板

将室内机背面的安装板取下，将安装板放在预先选择好的安装位置上，应保持安装板的水平并留足室内机到顶棚及左右墙壁的距离，确定打安装板固定孔的位置。用 $\phi 6$ 钻头的电锤打好固定孔后插入塑料膨胀管，用自攻螺钉将安装板固定在墙壁上。固定孔不得少于 4 个，用水平仪确定安装板的水平度。

步骤三　打过墙孔

根据机器型号选择钻头，使用电锤或水钻打过墙孔。打孔时应尽量避开墙内外的电线、异物及过硬墙壁，孔内侧应高于外侧 5~10mm，从室内机侧面出管的过墙孔应该略低于室内机下侧。

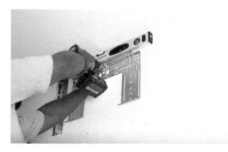

固定安装板　　　　　　　　　　　　　　　　打过墙孔

步骤四　固定空调室内机

将包扎好的管道及连接线穿过过墙孔。而后将空调室内机的箱体挂到墙面的安装板上，需保证空调箱体卡扣入槽，用手晃动时，上、下、左、右均不晃动，用水平仪测量室内机是否水平。

固定空调室内机

步骤五　安装空调室外机

在外墙上打眼，用膨胀螺栓固定好室外机的挂件，而后将室外机挂到挂件上，保证足够牢固，而后连接管线，对室内机进行测试。

安装空调外机

5
暖通系统

5.2 中央空调系统与新风系统的设计与施工

5.2.1 中央空调的设计

现在，中央空调已经不再只使用在公装空间等大型室内空间当中了，现在家装中也开始使用。中央空调隐藏在天花板内，不破坏装修，美观大方，而且使用寿命也比普通的分体式空调要高。但与此同时，安装价格也高，且安装时要和水电同时进场，对安装工艺与辅助材料要求较高。在设计中央空调时要注意以下要点。

（1）确定空调的品牌和机型

在制订方案前，要依据房间数量、室外机摆放空间、业主喜好、当地气候特点等方面来确定中央空调的品牌和机型，比如大户型、老人和小孩比较多的家庭，选择静音效果好、可搭载新风机的多联机，而小型的公寓则可以选择性价比高的单元机。如果当地气候常年潮湿多雨，那么所选空调一定要具备除湿功能；如果当地冬季寒冷却未实现集中供暖，可以选择制热能力强劲的地暖中央空调，同时满足四季冷暖需求。

（2）考虑空间层高与吊顶方式

安装中央空调对房间层高有一定要求，所以要提前了解层高标准，并据此选择超薄机或普通厚度的室内机，同时依据房间的家具摆放和吊灯位置进行吊顶方式和位置的判断，比如一体式橱柜可以进行局部吊顶，同时出风口和回风口更要远离吊灯，不能被遮挡。

（3）确定空调管路走向

有的户型在进行空调管路布置时可能会涉及穿梁打孔的问题，所以在进行方案设计时要了解清楚承重墙的分布，打孔位置是否会影响建筑质量，如可能有隐患问题，可以选择用冷凝水提升泵的方式避免穿梁打孔。如果安装中央空调的同时还打算安装其他需要占用吊顶空间的设备，应与专门的空调设计师和相关人员做好沟通工作，预留该设备所需的管路空间、吊顶空间，避免出现占用的情况。

（4）对不同功能的房间进行针对性设计

对于厨房、卫生间、书房、衣帽间等具有特殊功能性的房间来说，除湿、除油烟是维持房间正常功能的重要工作，所以需要进行特别处理，有针对性地选择室内机。比如厨房专用中央空调，要求具有可以防油烟和进行通风换气的功能；对于书房来说，除湿功能一定要强，可以时刻保持室内温湿平衡，以保障书籍的存放。

（5）出风口材质的选择

如果所处地区冬季高温潮湿，室内闷热潮湿，那么中央空调的出风口就容易凝露滴水，应提前沟通好。凝露是正常现象，可以更换出风口材质来避免。

5.2.2 中央空调的安装

步骤一　安装中央空调室内机

室内机安装位置不佳不仅会影响实际的使用效果，还会引起许多身体上的不适。中央空调室内机的安装位置需要和室内装饰布局协调，通常是隐藏在吊顶内，也可以把它隐藏在高柜台上方。

步骤二　安装排管

安装中央空调供回水管、冷凝水管、信号线等，铺设的冷凝水管要保持至少 1/100 的坡度，这样既不影响装潢效果，又能保证其正常排水。冷媒管安装时切割面应锉平，去除内、外毛刺，套接应紧密，焊接时冷媒管外表面应清洁。在焊接时必须在铜管内充入氮气，焊接完成后应该用高压氮气在管内进行吹灰，以保持铜管内的清洁度。

安装中央空调室内机

冷媒管的安装

步骤三　安装中央空调室外机

室外机的安装要做到外机风扇出风口必须在 50cm 内无遮挡物，所有落地脚必须安装减震垫，以保证外机运转正常。

步骤四　抽真空并充注冷媒

室外机安装完毕后在充填冷媒前需要对冷媒管进行抽真空，把管内的空气抽出，保持管内干燥、无水分，否则空气和水会与冷媒混合产生冰晶，严重的会造成设备损坏。使用专用冷媒完成上述工作后，则可以开启冷媒阀，释放出室外机内自带的冷媒，开机测试并检测压力，适当补充冷媒，直至调试完成，达到理想工作状态即可。

步骤五　安装风口

家庭中央空调通常将回风口与检修口安装在一起，回风口尺寸必须与室内机回风口吻合，不能出现错位情况，这样才可以得到最佳回风量，并保证有足够的维修空间。出风口一定不能装在灯带附近。若出风口前有灯带，会造成空调在制热时出风被遮挡，而热空气是往上的，这样热空气滞留房间的上部，从而使整个活动空间感觉热量不足，需很长时间才能有热感觉。

步骤六　调试设备

在施工完毕后，要对整个系统进行调试，以确保系统的可靠性和安全性。首先检查电器接线，确保没有短路现象，然后检查冷媒排管，确保压力符合要求。最后检查控制器，确保控制室内温湿度的准确性。

5.2.3 新风系统的分类

新风系统一般分为无管道系统和有管道系统两种模式。无管道系统使用独立的新风设备作为新风入口，通过新风口交换室内外的空气，无需新风的送风管道即可实现新风效果。而有管道系统则通过送风管道来实现室内的新风效果。

（1）无管道系统

独立的设备自身为一个系统，不需要管道送风。可直接装于墙面，通过主机的工作把新风引入室内。由于没有管道的参与，所以每个房间都需要安装单独的设备，并分开控制。

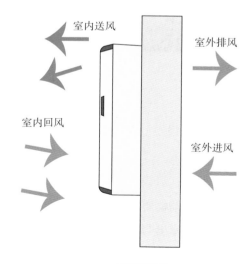

无管道系统

无管道系统的特点如下。

①每个空间有独立的新风设备。

②未靠外墙的空间无法使用。

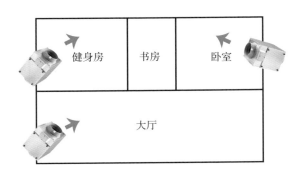

（2）有管道系统

其原理与中央空调系统的安装原理相同，有时也会和中央空调一起使用。该系统通过输送管道，把新风净化和空气处理放在一个固定的区域内，然后通过风管输送到不同的空间，达到中央管理的目的，是最主流的新风系统安装形式。

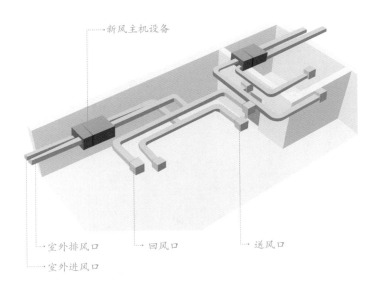

有管道系统的特点如下。

①对顶面或地面有要求。

②可在中央控制。

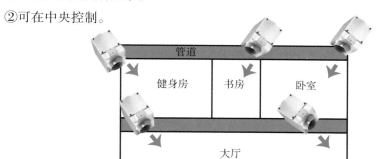

有管道新风系统与无管道新风系统的对比如下。

项目	有管道新风系统	无管道新风系统
区别	通过风管对室内空间进行新风输送	通过各个空间的设备直接向空间内送风
优点	1. 使用方便，维修便捷，效果理想 2. 可配合空调系统一起使用，增加空调系统的功能	1. 安装简单，使用成本低 2. 设备噪声小
缺点	对吊顶高度有要求	1. 新风质量差，只能过滤，不能净化 2. 只能控制单一空间，使用较为不便
成本	较高	低
适用场所	1. 还未进行吊顶封闭的项目，如新建楼盘、工业风格场所 2. 大中型项目（酒店、办公楼等），以及面积 ≥ 100m² 的住宅空间（别墅、大户型），是目前的主流产品	1. 已经完成吊顶封闭的项目，如旧房改造、后期追加新风系统等情况 2. 小型住宅装修，面积小于 100m² 的项目，目前已经很少使用

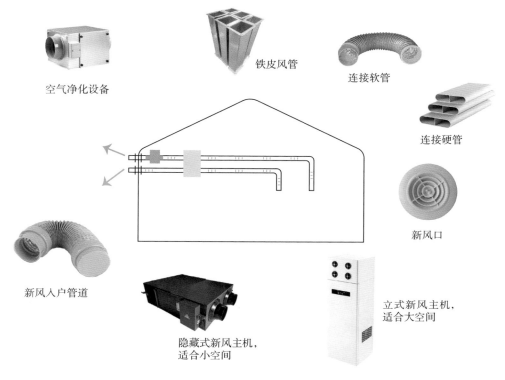

空气净化设备

铁皮风管

连接软管

连接硬管

新风口

新风入户管道

隐藏式新风主机，
适合小空间

立式新风主机，
适合大空间

有管道新风系统常见设备清单

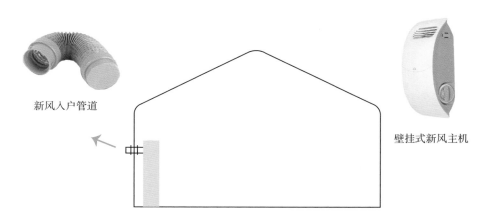

新风入户管道

壁挂式新风主机

无管道新风系统常见设备清单（适合小空间）

5.2.4 新风系统的送风形式

新风系统的送风形式通常分为独立送风和结合空调系统送风两种。

名称	独立送风	结合空调系统送风
定义	独立送风是指新风系统直接为各个空间送新风，且只有在有管道新风系统中才需要布置风口，无管道新风系统的风口是与设备集成在一起的	结合空调系统送风是指新风系统把新风量输送给空调系统，让空调系统把新风和回风重新整合好，产生新的空调风，最后把这个空调风输送给空间，达到制冷或供热的目的。这种方式得到的空调风含氧量较高，这种方式被广泛应用于大、中型公共场所中
示意图		
特点	空调与新风系统都独立出风，互不干扰。 室内空气质量：中。 适合中小型空间，常用于住宅、办公空间	空调与新风系统合二为一。 新风系统送风给空调，混合空调风后输送给室内。 室内空气质量：中上。 适合中小型空间，在公装空间中占多数

5.2.5 新风系统的排风方式

新风系统的风口布置一般分为顶送风和地送风，而排风方式则只有顶排风一种，因此送排风的方式有两种，一种是顶送顶排，另一种是地送顶排。

顶送风示意图

地送风示意图

名称	顶送顶排	地送顶排
特点	安装成本低 对吊顶空间有要求 空气循环的效率较低，但若空间开间较大则效果较好 适用于大开间的室内空间，比如酒店等	安装成本高 风管预埋在地面内，安装方便 可以更高效地促进空气的循环 容易吹起地面尘土，风口也容易堵塞 适用于小型空间，如住宅、别墅等
示意图		

5.2.6 新风系统的设计要点

（1）管道的预留安装尺寸

新风系统管道的尺寸需要根据送风空间的大小以及送风量的需求进行专业的核算，面积不同的空间，需要的管道尺寸也不一样，不过，新风管道比空调管道小得多。同时，需要计算房间的荷载量，进而根据规范要求的数据匹配对应的空调及新风设备的能耗以及管道大小。以 150m² 的别墅项目为例，若采用顶送顶排的方式，并且主机设备也在吊顶内时，吊顶预留尺寸应大于等于 300mm；若采用顶送顶排的方式，主机在独立设备间时，吊顶预留尺寸应大于等于 150mm；若采用地送顶排的方式，吊顶预留尺寸应大于等于 150mm，地面预埋尺寸应大于等于 30mm（管道高度不包含地面饰面）。

（2）新风系统主机设备的放置位置

主机设备的放置位置应根据暖通设计采用的新风设备的尺寸与装饰吊顶完成面的规格进行选择。

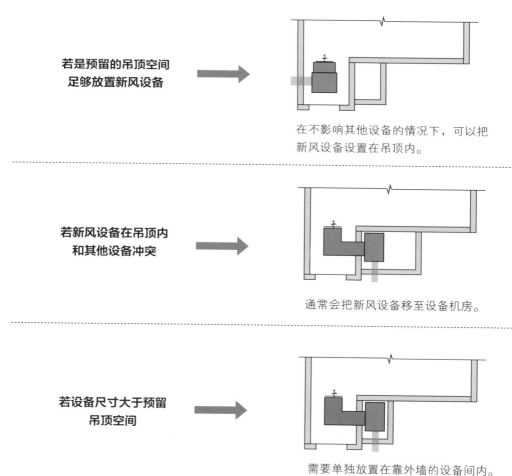

若是预留的吊顶空间足够放置新风设备 →

在不影响其他设备的情况下，可以把新风设备设置在吊顶内。

若新风设备在吊顶内和其他设备冲突 →

通常会把新风设备移至设备机房。

若设备尺寸大于预留吊顶空间 →

需要单独放置在靠外墙的设备间内。

（3）结合空调系统的使用

通常只有在大型室内空间中，才会在空调系统中增加新风处理，像别墅等空间均可使用，以此来达到优化室内空气的目的。

5.2.7 新风系统的施工

步骤一　现场定位

在顶面或地面上将设备、风口、控制器的位置进行画线定位，并确定送回风方式、管路布局以及走向。

步骤二　打孔

主管打孔直径 150mm，支管直径 80~125mm，在安装前一定要确认户型中哪些墙面可以打孔。安装孔不能开在横梁、支柱、承重构件等威胁到建筑结构安全的墙上。

步骤三　安装新风室内主机

先将主机电源线从开关盒中接出；电源线无特殊要求时采用 1.5~2mm² 铜芯线。用丝杆将主机吊装至指定位置，要求正、平、稳。室内主机的位置、高度、坡度应正确。

步骤四　安装管道

新风系统布管原则尽量缩短管线，减少分支管线，避免复杂的局部构件，以节省材料、减少局部风阻。管道尽量避免直角安装，连接管件可以使用 Y 字形斜三通，或使用两个 45° 弯头平缓过渡。顶送风的管道应使用圆管，地送风的管道应使用扁管。

步骤五　主机与管道连接

连接避免接头处漏风，做好防震减噪措施。为了确保风量，连接主机的直管段长度尽量在 1m 以上，1m 内最好不用变径管和三通分支管。主机与圆管之间采用软连接，导风管和接头软连接处需要用管箍进行加固连接，以保证不脱落、不漏风。

步骤六　安装风口

室内外进出风口安装，安装牢固，整齐美观。管道与风口之间的连接要选用变径或漏斗式大小头，其接缝处用锡箔布胶带固定。胶带要粘贴平整，不能皱起。接缝要粘贴紧密，不能漏风。锡箔结合处需用扎带固定。

步骤七　主机控制器安装

将主机电源线从开关盒中接出，电源线无特殊要求时采用 1.5~2mm² 铜芯线，接线牢固，要求面板安装位置合理，工艺美观。

步骤八　调试验收

通电调试验收，确认主机是否运行正常，管道和主机是否固定无震动，管道连接密封性、风量和噪声是否正常。

5.3 地暖的设计与施工

5.3.1 地暖的管道设计

（1）地暖的布管形式

图片	名称	特点
	螺旋形布管法	产生的温度通常比较均匀，并可通过调整管间距来满足局部区域的特殊要求，此方式布管时管路只弯曲 90°，材料所受弯曲应力较小
	迂回型布管法	产生的温度通常一端高，另一端低，布管时管路需要弯曲 180°，材料所受应力较大，适用于较狭小的空间
	混合型布管法	混合布管通常以螺旋形布管方式为主，迂回型布管方式为辅

（2）地暖管道的排布要点

在家装空间的地暖布置时，应按照图纸中空间的功能定位进行布置，如人流少的地方或者其他非生活用空间（杂物间、设备间、固定家具下方、无腿家具下方）等都不需要布置地暖。当地暖铺设的空间面积过大，每个回路的管长超过120m或者地暖大面积越过伸缩缝时，应分区域设置多个回路。在排布时，每条回路的管道中间不能断裂或存在接头，必须是一整根管。

（3）伸缩缝的设置要求

为了防止使用时热胀冷缩造成完成面开裂、膨胀等现象，在设置地暖管道时，必须设置伸缩缝。对伸缩缝有如下要求。

①当空间面积大于40㎡（高要求的项目则为30㎡）或长度超过8m时，应该在地暖的找平层与回填层设置10~15mm的伸缩缝。

②当使用湿式地暖的铺贴方式时，应在各个功能区、房间的分界线处、与墙面交接处等位置预留宽度大于等于10mm的伸缩缝。

③在设计伸缩缝时，被分割的两块区域的面积大小应接近，避免分割的区域存在较大的温差。

④伸缩缝材料通常为挤塑板等保温材料。伸缩缝两边的管道须用保温管或者波纹管进行套管处理。

5.3.2 地暖现场施工

（1）组装分集水器

步骤一　固定主管

将分集水器的配件摆放在一起，然后将两根主管平行摆放，并用螺栓固定在支架上。

⇨扫码观看
地暖铺设施工

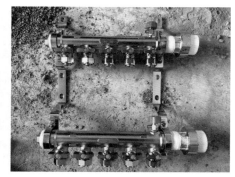

固定主管

步骤二　连接活接头

在分集水器的活接头上依次缠绕草绳和生料带，每种至少缠绕 5 圈，然后将活接头与主管连接并拧紧。

缠草绳

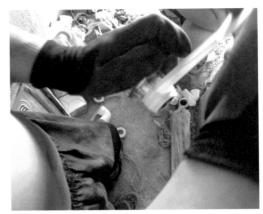

缠生料带

（2）铺设保温板

保温板的铺设分为边角和底层两部分。边角保温板沿墙粘贴专用乳胶，要求粘贴平整、搭接严密。底层保温板缝处要用胶粘贴牢固。

铺设底层保温板

（3）反射铝箔层、钢丝网铺设

步骤一　铺设反射铝箔层

先铺设铝箔层，在搭接处用胶带粘住。铝箔纸的铺设要平整、无褶皱，不可有翘边等情况。

步骤二　铺设钢丝网

在铝箔纸上铺设一层 $\phi 2mm$ 的钢丝网，间距为 $100mm \times 100mm$，钢丝网规格为 $2m \times 1m$。铺设要严整、严密，钢网间用扎带捆扎，不平或翘起的部位用钢钉固定在楼板上。

铺设铝箔层

（4）地暖管铺装

地暖管要用管夹固定在苯板上，固定点间距不大于500mm（按管长方向），大于90°的弯曲管段的两端和中点均应固定。需注意的是，当地暖安装工程的施工长度超过6m时，一定要留伸缩缝，防止在使用时由于热胀冷缩而导致地暖管道破裂，从而影响供暖效果。

地暖管铺装

（5）压力测试

步骤一　检查加热管

检查加热管有无损伤、间距是否符合设计要求，若没问题，可进行水压试验。

步骤二　打压

使用打压泵试压，试验压力为工作压力的1.5~2倍，但不小于0.6MPa。稳压1h内，压降不大于0.05MPa，且不渗、不漏为合格。

地暖打压

（6）浇筑填充层

步骤一　回填水泥砂浆

地暖管验收合格后，回填水泥砂浆层，加热管保持不小于0.4MPa的压力。

步骤二　抹平砂浆

①人工将回填的水泥砂浆层抹压密实，不得用机械振捣，不许踩压已铺设好的管道。
②水泥砂浆填充层风干，达到养护期后，再对地暖管泄压。

回填水泥砂浆

人工抹平砂浆

5
暖通系统

5.4 散热片施工

5.4.1 散热片用量计算及安装位置

（1）散热片的用量计算

计算散热片用量有两个要点，一是了解厂家生产的散热片的散热量；二是了解房屋每平方米所需的热量。关于第一个要点，在散热片出厂的时候，会标注散热片的散热量，单位是"W"。需要注意，散热片厂家的计量单位有片、柱、组等几种，计算时需看清单位。关于第二个要点，不同的朝向、层高、结构、保温情况等都会影响散热片供热所需热量。房屋每平方米所需的热量在80~120W，应根据房屋朝向、层高、结构、保温情况等来选择。

下面举例说明散热片的计算方法。假设房屋面积为40m²，每平方米所需热量为80W，一片散热片的散热量为237W，暖气片修正值为120%，其计算公式如下。

$$\frac{40 \times 80}{237} \times 120\% \approx 11.25（片）$$

取11片。

（2）散热片的安装位置

① 客厅和卧室的散热片最好安装在窗台前面，这样既能保持室内温度的均衡，又能将从窗户缝里钻进来的空气加热。如果在散热器附近放置沙发、桌子之类的家具，则将会影响散热片的散热效果。

② 书房中散热片的安装位置通常为套装门后的墙面、窗户前面或者书桌底下的墙面上。

③ 厨房中散热片的安装位置要考虑的因素比较多，首先要确定橱柜方位，依据橱柜方位再确定散热片的安装位置，这样既不会影响厨房的使用，又美观。

④ 卫生间散热片的安装应挑选距离淋浴房近的位置，这样洗澡时会更温暖。

5.4.2 散热片现场施工

（1）散热片组对

步骤一 检查散热片的数目

组对前，应根据散热片的型号、规格及安装方式进行检查核对，并确定单组散热片的中片（不带足的单片）和足片（带足的单片）的数目。

步骤二　清理散热片

用钢丝刷除净对口及内螺纹处的铁锈,并将散热片内部的污物清理干净,右旋螺纹(正螺纹)朝上,按顺序涂刷防锈漆和银粉漆各一遍,并依次码放(其螺纹部分和连接用的对丝也进行除锈并涂上润滑油)。散热片每片上的各个密封面应用细纱布或断锯条打磨干净,直至露出全部金属本色。

步骤三　组装散热片

①按统计表的片数及组数,选定合格的螺纹堵头、对丝、补芯,试扣后进行组装。

②柱形散热片组对,一般14片以内用两个足片,15~24片用3个足片,25片以上用4个足片,且均匀安装。

③组对时,两人一组开始进行。将第一片散热片足片(或中片)平放在专业组装台上,使接口的正丝口(正螺纹)向上,以便于加力。拧上试扣的对丝1~2扣,试其松紧度。套上石棉橡胶垫,然后将另一片散热片的反丝口(反螺纹)朝下,对准后轻轻落在对丝上,注意散热片的顶部对顶部、底部对底部,不可交叉组对。

④插入钥匙,用手拧动钥匙开始组对。先轻轻按加力的反方向扭动钥匙,当听到入扣的响声时,表示右旋、左旋两方向的对丝均已入扣。然后,换成加力的方向继续拧动钥匙,使接口右旋和左旋方向的对丝同时旋入螺纹锁紧[注意同时用钥匙向顺时针(右旋)方向交替地拧紧上下的对丝],直至用手拧不动,再使用力杠加力,直到垫片压紧挤出油为止。

⑤按照上述方法逐片组对,达到需要的数量为止。

⑥放倒散热片,再根据进水和出水的方向,为散热片装上补芯和堵头。

⑦将组对好的散热片运至打压地点。

(2)散热片安装固定

步骤一　检查材料

先检查固定卡或托架的规格、数量和位置是否符合要求。

步骤二　放安装线

参照散热片外形尺寸图纸及施工规范,用散热片托钩定位画线尺、线坠,按要求的托钩数分别定出上、下各托钩的位置,放线、定位、做出标记。

5
暖通系统

步骤三　打洞

托钩位置定好后，用錾子或冲击钻在墙上按画出的位置打孔。要求固定卡孔洞的深度不小于 80mm，托钩孔洞的深度不小于 120mm，现浇混凝土墙的孔洞深度不小于 100mm。

步骤四　水泥砂浆补洞

用水冲洗孔洞，在托钩或固定卡的位置上定点挂上水平挂线，栽牢固定卡或托钩，使钩子中心线对准水平线，经量尺校对标高准确无误后，用水泥砂浆抹平压实。

步骤五　安装散热片

将带足片的散热片抬到安装位置，稳装就位，用水平尺找正、找直。检查散热片的足片是否与地面接触平稳。散热片的右螺纹一侧朝立管方向，在散热片固定配件上拧紧。

步骤六　安装散热片托架

如果散热片安装在墙上，应先预制托架，待安装好托架后，将散热片轻轻抬起放在托架上，用水平尺找平、找正、垫稳，然后拧紧固定卡。

（3）散热片单组水压测试

步骤一　连接试压泵

将组好对的散热片放置稳妥，用管钳安装好临时堵头和补芯，安装一个放气阀，连接好试压泵和临时管路。

步骤二　向散热器内充水

试压时先打开进水截止阀向散热片内充水，同时打开放气阀，将散热片内的空气排净，待灌满水后，关上放气阀。

步骤三　观察压力值

散热片水压试验压力如果设计无要求，则应为工作压力的 1.5 倍，且不小于 0.6MPa。试验时，应关闭进水阀门，将压力打至规定值，恒压 2~3min，压力没有下降且不渗、不漏即为合格。